改訂版 評価と数量化のはなし

● 科学的評価へのアプローチ

大村 平 著

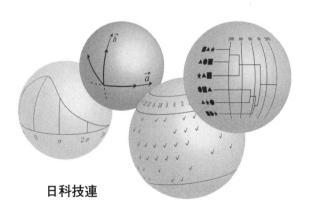

日科技連

まえがき

　科学文明は，まずハードウェアを人類に供給することによって，その幕をあげました．18世紀後半，蒸気機関の発明に端を発した機械文明は，つぎつぎと工業製品を世に送り出し，いまでは私たちは多種多様でぼう大な量の製品に埋れて生きていかなければなりません．そら恐ろしいくらいです．

　ところが近年になって，急激に様相が変わりはじめました．もちろん，物質文明が高度化の速度をゆるめたのではありません．科学文明の所産がハードウェアだけではこと足りなくなって，ソフトウェアの重みが飛躍的に増大しはじめているのです．複雑化し，巨大化するいっぽうのハードウェアを満足に機能させるために，高度なソフトウェアが必要になってきたから，です．

　さらに，ハードウェアとソフトウェアとを絡みあわせて，従来ともするとてんでんばらばらに機能していたハードウェアのシステム化がすすんできました．それは，私たち個人個人をも含めた社会全体をさえシステム化せずにはおかないほどの勢いです．もちろん，この傾向は大いに歓迎できます．なにせ，全体をベストの状態に高め，ひいては個人個人も許される範囲でベストの状態になろうというのが，システム化の目的だからです．

　けれども，人間を含めたシステムをベストにするためには，いままで数値では表わせないと思われていた多くのことがら——たとえば，各人の能力とか好き嫌いなど——を数値で表わしたり，あるいは質

が異なるために比較はできないと考えられていたことがら——たとえば，現在の楽しみと将来への備えなど——に優先順位をつけたりしなければなりません．そのために，がぜん数量化や評価の技術が脚光をあびはじめました．つまり，数量化や評価の技術は，近代社会のシステム化のためには必須のソフトウェアなのです．

こういうわけで，数量化や評価についての論文や文献がちらほらと出廻りはじめていますが，どれも深遠な思想に重点がおかれていたり，コンピュータの使用を前提とした数学的なとり扱いを論じていたりして，素人の入門書としては書かれていません．きっと，数量化の技術を駆使して大きなシステムの最適化に挑戦したりするのは大企業や行政府の専門家ばかりと思ってのことなのでしょう．

けれども，数量化や評価の手法の中には，難解な数学を使うまでもなく，職場や家庭で日常的な業務にすぐ使えるものも少なくないのです．遠慮なくいわせていただくなら，多くの人たちにとっては，気むずかしい数量化理論より，実生活にすぐ利用できる手法のほうが，どんなに役立つかもしれません．そこで，数量化理論の思想は見失わないように注意しながら，日常的な手法を紹介しようと試みたのが，この本です．さっそく明日から実生活の中で活用していただければ，これに過ぎる喜びはありません．

最後に，この本を世に送り出すために盡力していただいた日科技連出版社の方々，とくに山口忠夫さん，竹花千秋さん，そして原稿の整理などを手伝ってくれた梶田美智子さんに，お礼を申し上げます．

昭和57年10月

大　村　　平

まえがき

　この本の改訂版の出版を打診されて改めて読み返してみたら，初版から30年以上も経っていたことにおどろきました．

　その間に，思いもかけないほど多くの方々にこの本を取り上げていただいたことを，心からうれしく思います．ところが，その間の社会環境の変化や科学技術の進歩などにより，文中の記述に不自然な箇所が目につきはじめました．また，不適切な表現もあって，恐縮しています．そのため，そのような部分を改訂させていただきました．また，より具体的にイメージしてもらいやすいように，一部の表現も変更させていただきました．

　改訂版の執筆に取り掛かるようになってから，すでに15年近くになります．このシリーズが，今まで以上に多くの方々のお役に立てるように，これからも書きつづけるつもりです．もし，それを願っていただけるなら，これに過ぎる喜びはありません．

　なお，改訂にあたっては，煩雑な作業を出版社の立場から支えてくれた，塩田峰久取締役に深くお礼を申し上げます．

　2016年3月

大　村　　平

目　　次

まえがき ……………………………………………………… *iii*

1. 数字で示せというけれど ……………………………… *1*
人命を値踏みする ……………………………………… *1*
人間の価値に差があるか ……………………………… *4*
幸福にも値段がほしい ………………………………… *7*
QOLを手掛かりに …………………………………… *11*
愛を数値で表わせるか ………………………………… *15*
人命は神聖で値踏みをしてはいけないか …………… *19*
うまい方法があるのかな ……………………………… *22*
数量化とはなにか ……………………………………… *24*

2. 順位を決める …………………………………………… *28*
尺度のいろいろ ………………………………………… *28*
尺度の階級 ……………………………………………… *34*
一対比較法 ……………………………………………… *37*
同点が生じたら ………………………………………… *43*
三すくみが犯人 ………………………………………… *46*
三すくみの第1の理由 ………………………………… *49*

三すくみの第2の理由 ················· 54

　　行司をふやせば ···················· 58

　　判定の自信を判定する ················· 61

3. ものさしで測る ··················· 64

　　人間の能力も正規分布すると信じる ··········· 64

　　一対比較法から間隔尺度へ ··············· 68

　　恨みの五段階評価 ··················· 72

　　五段階評価を使いこなす ················ 77

　　新作・七段階評価 ··················· 81

　　偏差値は無限段階評価 ················· 84

　　偏差値は絶対ではない ················· 88

　　平均値，標準偏差はご随意に ·············· 91

　　酒飲みの間隔尺度をつくる ··············· 94

　　IQ は絶対尺度ではないか ··············· 101

　　指数のいろいろ ··················· 104

　　ン番目の実力はどうか ················ 108

4. 数字を混ぜる ··················· 113

　　ゴルフとボーリングのスコアを総合する ········· 113

　　練習2題 ······················ 119

　　ウェイト付けは，こうする ·············· 122

　　たし算か，かけ算か ················· 127

　　もうひとつの××算 ················· 130

　　独立性を尊ぶ ···················· 134

これなら，いま使える··*138*
　　ガットマンに学ぶ··*142*

5. 数学のたすけを借りる ································*149*
　　数学のたすけを借りて··*149*
　　差の2乗の合計を最小にする······································*153*
　　シコシコと計算する··*156*
　　問題解決——数量化Ⅰ類··*162*
　　グループの差をきわだたせる······································*166*
　　またもや，シコシコ··*169*
　　問題解決——数量化Ⅱ類··*172*
　　外的な基準がなくても··*174*
　　問題解決——数量化Ⅲ類··*179*
　　仲間はだれだ··*182*
　　問題解決——数量化Ⅳ類··*186*

6. 因子を見つける ··*194*
　　重要な因子はなにか··*194*
　　魚の骨を借りる··*196*
　　重要な因子を選ぶ··*199*
　　心当りの因子がなければ··*204*
　　こうして因子を見つける··*210*
　　因子をいくつ採用するか··*216*
　　数量化技術の立場··*220*

7. 数量化の実際を見る……223
　人間集団の構造を探る……223
　安全さを解析する……230
　生物どうしを数量化して分類する……235
　文化の数量化……239
　いよいよ QOL……241
　数量化に限界はない？……246

付録　正規分布表……250

本文イラスト―佐々岡秀夫

1. 数字で示せというけれど

人命を値踏みする

　世界は激しく動いています．時の経過につれて奔流となって一定の方向に流れるばかりではなく，あちらこちらに大小さまざまな渦が逆巻いていたり，どういうわけか，にわかに流れが淀んで淵となっていたり，世界の動きは，それはエキセントリックです．

　世の中の，この激しい動きにつれて，私たちの価値観もめまぐるしく，しかも大幅に変動します．たとえば，日本でも100年近く前までは，国体を護持*するためには「死は鴻毛の軽きに比す」ことが絶対的な美徳とされていたのに，いまでは「人命は地球よりも重い」のです．鴻毛はおおとりの羽毛のことですから，いくらおおとりが大きいからといっても，鴻毛は1グラムより軽いにちがいあり

---

　*　国体の護持という言葉さえ，すでに死語と言っていいかもしれません．国民体育大会を守り保つことではなく，天皇を中心とした国家の政治形態（政体）を守り保つことで，そう呼んだ時代があったのです．

ません．これに対して，地球は 6×10^{21} トンくらいの目方がありますから，人命の価値は 100 年近くの間に 6×10^{27} 倍以上にも急成長したかんじょうになります．こんなにむちゃくちゃに価値観が変化するようでは，なにを信じればいいのかわからなくなります．

人命が鴻毛より軽いのも，また人命が地球より重いのも文学的な比喩にすぎないから，100 年近くの間に 6×10^{27} 倍も変化したなどと計算するのはばかげていると，おっしゃる方もいるでしょう．ごもっともです．けれども，それなら，鴻毛の軽さにたとえられていたときの人命の価値と，地球よりも重くなったと表現される現在の人命の価値とでは，どの程度の開きがあると考えたらいいのでしょうか．

もう 30 年以上前になりますが，ある保険会社が，世帯主になっている男性約 4,000 人に「生命の値段」について自己診断を求めたことがありました．その回答の平均は約 7,500 万円だったそうです．いま，こんな質問をしたら，ひんしゅくを買うことまちがいないでしょうから，消費物価指数から考えると，およそ 1 億円というところでしょうか．また，交通事故死の損害賠償訴訟では，5 億 843 万円の支払いを命じたのが最高だそうですが，これは特殊なケースで，たいていは 3,000 万円にも満たないようです．地球より重いはずの人命が，たったこんな金額にしか評価されないようなのです．

そういえば，日本では自動車事故のために毎年，4,000 人強の人命が失われています．仮に，1 人の人命を最高額の 5 億円とするなら，自動車事故によって 1 年間に 2 兆円ぶんが昇天しているかんじょうになるのですが，いっぽう日本では，自動車産業の売上が 60 兆円にも上り，経常利益も 5 兆円くらいあるため，経済活動の

ためにゆうに2兆円以上寄与していると考えられます．つまり，毎年4,000人以上の人命を奪う自動車が走行を許されているのは，自動車が4,000人の生命の価値を上回る利益を日本の社会にもたらしているからです．

では，鴻毛の軽さにたとえられていた頃の生命の値段はどのくらいだったのでしょうか．大正時代から昭和の初期にかけて人命がどのくらいに値踏みされていたかを調べようと努力してみたのですが，どうも信頼のおける手掛かりが見つかりません．この本のストーリーとは直接は関係のないことなので，残念ながら調査を断念することにしました．

それにしても，「生命の値段」とは，なんといやな言葉でしょう．人命の価値はいつの世でも無限であり，品物みたいに値踏みをしたりしてはいけないと思いたい気持ちは私とて同じです．けれども，世の中はそんなセンチメンタリズムが通用するほど甘くはありません．もしも人命の価値が無限なら，自動車の走行は即刻，禁止されなければならないし，全国民は文化も娯楽も放棄して生命を保てる最低限まで生活を切りつめ，余力のすべてを生命を守るための医療と保健に傾注しなければならない理屈です．けれども，現実には，いわず語らずのうちに人命をほどほどの値段に評価し，人命を守る努力を適当なレベルに抑えて余力を生活水準の向上に振り向けているではありませんか．そして，人命の値段は平均的にいえば，どうやら1億円にも満たないもののようです．

人間の価値に差があるか

　前節で，いまの日本社会では，人命の値段を3,000万円にも評価していないらしい，と書きました．3,000万円は，庶民にとってはたいへんな金額ですが，しかし，地球より重いはずの人命の値段としては決してじゅうぶんとは思えません．しかも，それは平均的な人命の値段なのですから，3,000万円より高価な人命もあるかわりに，3,000万円よりずっとずっと安価にしか評価されない人命も少なくないはずです．

　同じ人間どうしなのに，命の値段に差があると考えなければならないのは悲しいことですが，現実の話として，たとえば交通事故などの被害者に対する補償額は，**ライプニッツ方式***によって計算することが国交省からも文書で示されていますから，人によって命の値段に差があることは，私たちの社会では暗黙の了解事項，と考えなければなりません．

　同じ人間どうしでありながら，命の値段に差があるばかりではなく，私たちは，生きているうちからさまざまな差別に遭遇します．同じ程度の努力をしたのに，希望の大学に入学を許される人と拒絶される人がいたり．同期の入社でありながら，順調に係長，課長と昇任するエリートの陰で泣く万年ヒラ社員がいたり，高額の契約金で招かれる選手と引きかえにお払い箱になる選手がいるし，異性にもてるのや，もてないのや，友人に好かれるのや，嫌われるのや，いろいろあって，この世は差別の坩堝(るつぼ)ではないかと思われるほどで

---

　*　被害者の将来にわたる総収入から生活費や利息などを差し引いて逸失利益を算出する方法のことで，このほかにホフマン方式があります．

す．

　これらの差別は，しかも，まったく本人の責任ではないことによっても生ずるから悲劇です．可愛いい容姿に恵まれた女性と，そうでなく生まれた女性とがこの世で受ける待遇に較べれば，課長への昇任が3～4年遅れたことぐらい屁でもないと思われますが，そうでなく生まれた女性とて，それを望んだわけでもないし，努力を怠ったせいでもありません．頭が悪かったり，体力が乏しかったり，不器用だったりするために差別に泣く方も多いのですが，これとて本人のせいばかりではないでしょう．それでも身体に障害をもって生きている方に較べれば，不平などいえた義理ではありますまい．

　それにしても，大学当局は，なぜ受験生を合格者と不合格者に分類することができるのでしょうか．入学試験の点数が良いほうから定員だけ合格させればいいのだから簡単だ，などと無邪気に答えないでください．事態はもっと不透明です．

　ある大学は，地理と数学と化学と英語の試験結果の合計点で採否を決めているのですが，その大学の教育目的からみて，この4科目の試験結果がほんとうに受験生の素養を正しく表わしているのでしょうか．なぜ，国語がいらないのでしょうか．なぜ，地理が必要なのでしょうか．ある国では，スポーツ選手として活躍した高校生には，大学入試の成績に加点が認められているくらいですから，体育も忘れないでほしいものです．

　一歩ゆずって，この4科目がかりに正しいとしても，点数は4科目に等しく配分されていていいのでしょうか．点数の配分をかえれば，合格者の顔ぶれもかなりかわってしまうにちがいないのです

が……．

そのうえ，4科目の点数を単純に合計した値で受験生の素養を評価することにも異議がありそうです．たとえば，表 1.1 を見てください．合計点からいえば高橋君のほうが上ですが，しかし井端君のほうがバランスのとれた素養を備えており，高橋君のほうが大学教育に適していると断定するのは問題ではありませんか．こう考えていくと，つぎからつぎへと疑問が湧き出して収拾がつかなくなりそうです．

表 1.1　どちらをとりますか？

	地理	数学	化学	英語	合計
高橋君	9	2	9	9	29
井端君	7	7	7	7	28

会社の中で行なわれる人事考課にしても事情は同じです．なん人かの同期生の能力が評価されて，トップからビリまで順位がつけられ，それによって係長や課長への昇任時期が決まるのですが，同じ仲間の同期生に，どうして一連の序列をつけることができるのでしょうか．不器用で頭も悪いけれど誠実でだれからも愛される男と，切れすぎて皆からけむたがられるほど才知に満ちた男と，ぬうぼうとして捕えどころがないけれど器の大きさがうかがえる男と，さあ，どのように序列をつけたらいいというのでしょうか．本気で考えれば考えるほど，わからなくなってしまうではありませんか．

けれども，現実問題としては，どこかで割り切って序列をつけなければなりません．大学当局とすれば，受験生の数が収容定員を上回っている以上，しゃにむに受験生に序列をつけて合格者を決めな

けばならないし，会社としても，同期生間に競争原理を導入して勤労意欲を駆りたてたり，有能な社員を抜擢して企業活動の効率を高めたりする都合上，同期生どうしに無情にも序列をつけなければならないのです．そればかりか，スポーツ選手の契約金や年俸のように，選手としての能力を金額に換算しなければならないことも少なくありません．

まったくのところ，現実の社会では，このようなことが日常茶飯事に行なわれています．だれもが，多かれ少なかれ疑問を感じたり，悩んだりしながらも，です．

幸福にも値段がほしい

前々節では，人命の値段がいわず語らずのうちに値踏みされていると書き，前節では，人間の能力に序列をつけたり値段をつけたりすることが，疑問を感じたり悩んだりしながらも，日常茶飯事に行なわれているとし，それは現実の社会がそれを必要とするからだ，と書きました．人間の命や能力に序列をつけたり，金額で表わしたりすることができるくらいなら，どのようなことにでも序列をつけたり，金額で評価したりすることができそうに思われますが，どうでしょうか．たとえば，各人の「幸福」に値札をつけることを考えてみてください．

貧乏でも心が豊かな人は幸福であり，金持ちでも心の貧しい人は不幸だ，などといいますから，幸福さは財力だけではもちろん測れないし，地位や権力，体や心の健康，愛情，将来の安定などなど，たくさんのことがらに関係がありそうで，なさそうで，とても各人

の「幸福」に値段をつけることなど,できそうもないと思われるかもしれません.

けれども,幸福には値段がつけられない,では困るのです.なぜかというと……,話が少々くどくなるかもしれませんが,辛抱して聞いてください.

人類の歴史は,人間の欲望をより満たすための努力の連続です.私たちの祖先は,飢の苦しみから逃れるために狩の道具をくふうし,命を賭けて強い獲物にも立ち向いました.自然の果実だけでは食の欲求を満たしきれないので,野草のとげに血を流しながら畑をつくり,泥と汗にまみれて川から水を引き,穀物や野菜を栽培することも覚えました.小屋を建て,はたを織り,道や橋をつくり,家畜を飼育し,害虫を追い,欲望をより満たすための努力を私たちの祖先は惜しみなくつづけてきたのです.

こうして,文明社会では,ぜいたくはできないまでも,生きてゆくのに必要な程度の衣食住はいつでも手にはいるようになり,疫病や苛酷な労働からも解放されたのです.しかし,より豊かでより安定した生活をめざして,人類の努力がさらにつづきます.工場ではロボットが活躍し,空には飛行機が,海には巨大なタンカーが,陸には列車や自動車が走り回り,オフィスはもちろん,自宅にまでコンピュータが鎮座し,百貨店にはありとあらゆる商品があふれ,病院には最新の医療機器が,学校にはさまざまな教材が整備され,私たちの社会は少なくとも物質的には,驚異的な発展を遂げ,さらに進化しつづけています.

けれども,その反作用として自然環境が破壊されて生活環境が悪化したり,管理社会に埋め込まれた人たちにストレスがたまってう

つ病になったり，自殺者がふえていることも事実です．そのため，物質文明は人類に真の幸福をもたらしてはいないから，原始へ帰るべきだ，と主張する人たちも少なくありません．しかし，この人たちとて，物質文明のすべてを捨てて飢餓と疫病の昔に戻りたいわけではないでしょう．

　人類は，人間の欲望をより満たすために努力を傾注してきたと書きましたが，それはまた，人類が「幸福であること」を目指した努力であったということもできるでしょう．人類が貧しいときには，食料や衣服を安定して入手できるようにすることや，疫病や苛酷な労働から解放されることが，即，幸福さの増大でしたから，問題は単純でした．けれども，物質文明が高度にすすんだ現代では，事情がだいぶんかわってきたようです．たとえば……．

　高速道路をつくれば，人や物資の輸送が効率的になるので経済活動はいっそう活発化し，そのぶんだけ社会は豊かになるのですが，その反面，沿線の人たちには多少の騒音と空気の汚染とを我慢してもらわなければなりませんし，自動車事故による死傷者の数もふえます．全体としてみたとき，それでも高速道路は，社会に「幸福」をもたらしているのでしょうか．

　また，ロボットは危険な作業やキツい仕事にも不平をいわず，長時間の苛烈な労働にも耐えるし，だいいち賃金がいりませんから，ロボットの進出によって多くの労働者が仕事を奪われるのではないかという不安もあります．たとえ，豊かな社会が失業者にも一応の生活を保障してくれるとしても，働くべき職場もなく，毎日が日曜日という生活がほんとうに幸福なのでしょうか．私たちの生活との調和を無視して物質文明がこれ以上に発展しても，私たちは決して

「幸福」の値段がわからないと総計が計算できない

幸福にはならないのではないかとさえ思えます．

 そういえば，巨額の費用を投入して開発をはじめたアメリカのSST（Supersonic transport：超音速旅客機）が途中で開発を中止したり，イギリスとフランスが共同で開発したSSTコンコルドの商業飛行が終わったことが，騒音や大気汚染などの公害に加えて，そんなに急いで何になるという素朴な反省の表われであることも，物質文明の発展が人類の幸福にストレートにつながるとは限らないことを教えています．

 話が，すっかり長くなりました．要するに，いまや，私たちがより以上に幸福になるためには，経済活動の成果と私たちの生活とをどのように調和させるかが最大の焦点となっているのです．当然，国の行政としては，限りある予算や資源を，産業の振興にばかり投入するのではなく，福祉，厚生，医療などの整備，自然環境や文化遺産の保全，安全の保証などさまざまな分野に，どのように配分す

るのが国民の幸福を最大にする道かを考えなければなりません．

　企業の経営も，当面の利益を追求することだけが唯一の目的であった時代は，すでに終っています．法令遵守はとうぜんのこととして，環境に対する配慮など，社会的責任を果たさなければなりません．企業の経営者としても，企業の利益と一般市民の幸福とのバランスに常に配慮を払う必要があります．

　家庭の営みだって，そうです．少子化が社会問題になっていますが，夫婦がひたすら働いて経済的に豊かになることが家庭の幸福に直結するとは限りません．しつこいようですが，私たちの幸福を高めるためには，経済活動の成果と私たちの生活とを巧みにバランスさせなければならないのです．

QOL を手掛かりに

　私たちの幸福を高めるためには，経済活動の成果と私たちの生活との調和を保つことが決め手，と書いてきました．これには多くの方も異存がないと思うのですが，しかし，ここがいちばんむずかしいのです．そして，むずかしい原因は，「幸福」に値段がつけられないからです．

　一例として，日本の企業に大量のロボットを導入して生産の効率を上げることが日本社会に幸福をもたらすか否か，の判断を迫られていると思っていただきましょうか．ロボットを導入して作業に従事させるためのすべての費用，すなわちロボットを購入して動かすための経費や，不要になった労働者を解雇したり，その後の生活を保証したりするための経費を計算するのは，わけはありません．

いっぽう，大量のロボットの作業が日本経済にどれだけの利益をもたらすかを計算するのは，かなりの難題です．ロボットによって従前よりも大量につくり出される製品が社会に出ると，それがまた経済活動をするし，その経済活動の産物もつぎつぎと経済活動を行なっていきます．たとえば，ロボットが大量の工作機械をつくり出すと，それがまた大量の商品を生み，その商品がさらに他の商品を生んだり経済摩擦を起したり，つぎつぎと影響が波及していきますから，ロボットがつくり出した製品が，しめていくらの利益を日本にもたらすかを計算するのは，以前はなかなかの難題でした．

　けれども，このような経済活動の波及効果を予測する手法の研究がすすんだことで，大量のロボットの作業が日本の社会にどれだけの利益をもたらすかを計算できるようになりました．

　ロボットを導入して作業に従事させるためのすべての費用は容易に計算できるし，ロボットが日本の社会にもたらす利益も計算できるとなれば，ことは簡単，前者よりも後者が高ければロボットを導入すればいいし，その逆ならロボットを導入しないほうがいいに決まっている……？　なにか，忘れちゃいませんか．

　ロボットに職を奪われた大量の労働者は，一応の生活は保証されるとはいうものの，毎日が日曜日です．私も，この年になって毎日が日曜日の生活になりましたが，幸福だと思ったことは1日たりともありません．現役のころの気持ちの張りはなくなるし，世の中の役に立っていないばかりか，他人の稼ぎで食わせてもらっているという負いめもあって，心はう·つ·として楽しまず，不幸な気持ちになってしまいます．

　そのため，ロボットに職を奪われた大量の労働者が不幸になるマ

イナスも勘定に入れなければなりません．すなわち，ロボットを導入して作業に従事させるためのすべての費用に大量の失業者の幸福が減少する額を加えた値と，ロボットが日本の社会にもたらす利益とを比較して，ロボットの導入を決定しなければならないはずです．そして，そのためには，ぜひともロボットに職を奪われた人たちの幸福の減少額に値段をつけなければなりません．それができないようでは，ロボットの導入の可否を決定できるはずがないではありませんか．

　できるはずがないのに決めてしまえば，その決定には万人が納得するような科学的な根拠があるわけではありませんから，総論と各論が対立したり，企業エゴと個人エゴがぶつかりあったり，さんざん紛糾したあげくに，どちらにころんだところで，あちらこちらに不満や被害者意識が根強く残り，そのことが関係者の幸福さを低下させるはめになります．

　こういうわけですから，幸福さには値段がつけられない，では困るのです．もちろん，幸福さに値段がつけられたからといって，問題のすべてが解決するわけではありません．たとえば，ロボットの導入によって100万人が職を失い，その人たちの幸福が1年間に50万円だとすれば，総計した幸福の減少額は5,000億円ですから，それだけのマイナスを勘定しても，まだ利益が費用を上回るからロボットを導入するのが正しい……，つまり社会が受けとる利益に見あうぶんだけ，一部の人たちが被害を受けるのが正しい，といえるかどうかも大きな問題です．

　そういえば，この章のはじめのほうに，毎年4,000人以上の人命を奪う自動車が走行を許されているのは，自動車が4,000人以上の

生命の価値を上回る利益を日本の社会にもたらしているからだ，と書いたのも，ずいぶん算術的に短絡した理屈であったと反省しなければなりません．

それにしても，なにはともあれ，幸福に値段がつけられないようでは，私たちの幸福を最大にするために，経済活動の成果と私たちの生活とを，どのあたりにバランスさせるべきかについての科学的判断の第一歩が踏み出せないではありませんか．

ここでは，ロボット導入という一例を題材としたにすぎませんが，利害得失を比較検討して，全体としてもっとも有利な妥協点を見いだす必要に迫られることは，ざらにあります．このようなとき，従前は有能で熟練した経営者や行政官が経験にものをいわせて決断をくだしていました．ときにはその決断がまちがっていて，とんでもない泣きをみたこともありましたが，多くの場合は決断が正しかったからこそ，いまの社会の繁栄があるのでしょう．

けれども，社会が極度に複雑化し多様化してきた現在では，いかに有能な経営者や行政官であっても，全体を見通すことができず，経験にものをいわせた直感では判断できないことが多くなってきました．そこで，直感に頼ってではなく，科学的な根拠にもとづいた決定をするために，費用や効果を分析する手法がつぎつぎに開発されています．そして，これらの手法を使って私たちの幸福がより大きくなるような決定をくだすために，どうしても幸福さ加減を数値で表わすことが必要になります．

そこで，幸福の値段を直接にではありませんが，生活の質(Quality Of Life：ふつうQOLと略します)を数字で表わそうという研究が行なわれ，効果をあげています．詳しくはあとでご紹介す

るつもりですが，QOLは，富とか地位とか性の満足度などの具体的な指標を組みあわせるだけではなく，個人の価値観にまで踏み込んで研究されていますので，間接的には幸福さの程度を表わすと考えることができそうです．こうして，私たちは，各人の幸福に値札をつける手掛かりをつかんでいくことになります．

愛を数値で表わせるか

話がだんだんと佳境にはいってきました．人命に値段をつけたり，人間の能力に序列をつけたりすることは，釈然としない心地ではありますが，すでに日常茶飯事に行なわれているし，私たちにとってもっとも幸福な社会の建設をめざして，各人の幸福を科学的に表現するための指標づくりにも成果があがっているというのです．

そこまで研究がすすんできたのなら，愛の強さや憎しみの強さなどを数字で表わすこともできるのではないだろうか……．男性はなん人の女性でも同時に愛せるのに，女性は同時には1人の男性しか愛せないというけれど，たまきの愛を測定してみたら，右京を100ユニットだけ愛し，尊を30ユニット，享を20ユニットだけ愛していることが判明して，とんだところで浮気症がばれたりするかもしれないな……．

自分がなぐったことのある相手には一生，気を許すなといったのはマキャベリではなかったかと思いますが，それにもかかわらず，愛の拳(こぶし)は必ずいつかは感謝してもらえると信じている先生もいます．どちらの説が正しいかは，拳をふるった先生の愛情を記録にと

こんなことをして愛をたしかめてもなんにもならない♪

どめ，なぐられた生徒の憎しみを長年にわたって追跡調査してみないと判定がくだせません．

　けれども，ちょっと待ってください．せっかく佳境にはいった話に水をさすようで恐縮ですが，ここで冷静に足もとを見直す必要がありそうです．なぜかというと……，一例として愛情の強さを測ることを考えてみましょうか．

　それには，いろいろな手はありそうです．たとえば，たまきの面前で右京を射殺する準備をして，右京の命を救うために貴女の命を捨てるかとたまきに問い，答えが NO ならば，それでは片方の眼球くらいなら捨てるかと聞き，それでも NO ならば，小指の一本くらいでどうだと尋ね，それなら OK よ，というのであれば，場面を改めて彼女の小指をいくらなら切り売りするかと相談し，かりに 300 万円で話がまとまったとすると，たまきの右京に対する愛情の強さは 300 万円と判定する，というのもひとつの方法かもしれません．

1. 数字で示せというけれど

けれども,ここで2つの疑問に突き当ります.

　その第1は,愛情のこのような測定法がはたして科学的といえるかということです.科学的であることの第一の要件は,測定に再現性があることです.つまり,いつ,だれが,どこでやっても同じような値が得られるという客観性がなければいけません.そして,できれば他の方法で測定した結果とも合致していればいっそう安心です.たとえば,ある机の高さを巻尺で測る場合には,測定する時刻が深夜でも早朝でも,また酔っぱらいが測ろうとも大統領が測ろうとも,さらにまた場所が室内だろうと戸外だろうと,ほぼ同じ値が得られるし,また机の高さを別の凝った方法で測った値ともよく一致しますから,これは科学的な測定といえるでしょう.

　これに対して,前記のような愛情の測定法はどうでしょうか.たまきの面前で右京を射殺する準備をするといっても,その情景が残虐に用意されているときと耽美(たんび)的に仕度されているときでは,たまきの心の動きはまったく異なるでしょう.また,小指を切り売りする値段にしても,冷静な気持ちで相談するときと小指に出刃包丁の刃を押し当てられているときとでは,ずいぶん異なった値になるでしょう.したがって,このような測定が科学的であるとはとても思えませんし,このようにして測った愛情の値がいつも正しいとは,とても信じられないではありませんか.

　第2の疑問は,つぎのとおりです.一歩ゆずって,愛情の強さが測定できるとしても,なぜこのようなことまでして測定しなければならないのでしょうか.測定した結果が,だれかの幸福のために役に立つのであれば,多少の無理をしてでも測定する価値があるかもしれません.しかし,このように乱暴な測定をしてたまきの愛情の

強さに値段をつけたとしても,それに見あうほどの利益がどこにあるというのでしょう.

右京にしてみれば,たまきがどのくらい強く自分を愛しているかを知りたいかもしれませんが,このように命がけの測定などをせずに,直感的に「かなり愛してくれている」とか「あまり見込みなさそう」とか思っていたほうが,無難ではありませんか.相手の愛をたしかめたくて狂言強盗を演じたり,ことのなりゆきで心ならずも心中,というニュースに接することもありますが,いずれも世間に迷惑をかけるばかりで,だれひとりとして幸福が増した人はいないようです.

ごちゃごちゃと書いてきましたが,私がいいたいことは,ほかでもありません.この本は,評価や数量化の技術を紹介するのが目的ですから,人命でも能力でも,あるいは幸福さの程度や愛情の強さでも,できるものならなんでも数値に直してしまうという立場をとって書いてゆきます.その結果,どんなものでも数字で表わすことができ,そうすることが科学的であるという印象をつくり出してしまうとすれば,それは私の本意ではないのです.

ものごとの中には,数値で表わすことができないものも,著しく困難なものもあるし,さらに数値で表わすのにふさわしくないものや,表わしてはいけないものも少なくありません.数量化が質を形式的に量にすりかえて自己満足するための遊びであったり,見せかけだけの科学性の追求だけであってはならないのです.それは,あくまでも,社会に貢献し,おおかたの幸福をふやすために使われるべき手段です.この点は,肝に銘じておく必要があるように私には思えます.

人命は神聖で値踏みをしてはいけないか

人命に値段をつけたり,人間の価値に順位をふったり,各人の幸福さを数値で表わしたりする行為に,ほとんどの方は抵抗や疑問を感じるにちがいありません.なぜだろうかと心静かに分析してみると,どうやら2つの問題点に突き当るように思われます.

第1の問題点は,このような行為が倫理上,許されるのだろうか,という点です.たしかに,生命の尊厳という宗教的な認識を背景にして,人命は何物にもかえがたく無限の価値をもつという思想も,かなり普遍的です.なるほど,ある個人にとって自分の命はかけがえがありません.正直なところ,自分の命が助かるためなら,何十人,いや何百人の他人が死んでもいいと思う人も少なくないでしょう.けれども,そうなると,本人にとっては高価な人命も他人にとっては安価ということになり,話がややこしくなります.人命の価格について論ずるのをタブー視する傾向は,ひょっとすると,ここに原因があるのではないかと邪推したくもなります.

また,「天は人の上に人を造らず,人の下に人を造らず」*という名言を引用するまでもなく,性別,出身,職業などにかかわらず人間は平等という理念は,すでに私たちにとって共通のものとなっています.その理念に逆らって,人間の価値に甲乙をつけようというのですから,抵抗なしにはすまない理屈です.

さらに,幸福などというものは,しょせん気のもちよう,昔から
　　　　上みれば欲しい欲しいの星だらけ

---

* 福沢諭吉(1835 〜 1901)著,『学問のすすめ』の冒頭にある言葉.

　　　　　　下みて暮らせ星の気もなし

などと教えられ，せっかくその気になって修養を積んでいるのに，富とか地位とか性の満足度まで調べあげられた挙句に，お前の幸福さの程度はウン万円程度などと見くびられてたまるか，という方も少なくないでしょう．

　それにもかかわらず，私たちは，人命や各人の価値や幸福を数値で表わしていこうと思います．そのためには，人命とか人間の能力や幸福などの価値を哲学的な世界でとり扱うのではなく，もっぱら現実の経済活動の世界でとり扱うことにします．

　もともと，哲学の世界では，神をよりどころにした絶対的な尺度での「価値」か，あるいは主観的な判断にたつ「価値」のみが議論されてきたようですが，より科学性を追求する現代の哲学では，なんとか客観性のある価値判断の基準を見いだそうとの努力がつづけられていると聞きます．それが成功すれば，無味乾燥な経済的判断ではなく，もっと心に触れた判断ができるのだろうとは思いますが，いまのところ，とりあえずは，価値を経済活動の世界でだけとり扱うことにしようと思うのです．

　そうと割り切れば，第1の問題にはケリがついて心が安まります．心の安らぎをもう少し補強するために，ちょっとした雑談につきあっていただきましょうか．

　人命は，本人にとってはかけがえのないものです．金銭などとは異なり，いちど失えば，決してとり戻すことができません．だから，古今東西を問わず，殺人は許すことのできない罪悪とみなされ，きびしく処罰されます．

　ところが，不思議なことがあります．時間は，だれにとってもか

けがえのないものです．金銭などのようにとり戻すことは決してできません．ですから，他人の時間を無駄に浪費させることは，殺人にも匹敵する罪悪だと思うのですが，現実には，金銭を盗むことは罪悪とみなされ相応の制裁を受けるのに，他人の時間を潰すことに対してはひどく寛容なのはなぜでしょうか．

この本の冒頭に，自己診断による人命は1億円そこそこと書いてあったのを思い出してください．日本の平均的なサラリーマンは定年までの間に約2億円くらいの給料を貰うと言われていますから，税金や社会保険料などが差し引かれても一生の間にほぼ1億円くらいは稼いでいることになり，人命の値段とだいたい一致するではありませんか．

そして，この1億円を定年までに費やす労働時間でわってみると，平均的なサラリーマンは1時間あたり約1,350円くらい稼いでいる勘定になります．つまり，命と同様にかけがえのない時間を切り売りしながら，1時間あたり約1,350円を稼いでいるのです．さらに見方によっては，一生の時間は命そのものですから，私たちは命を切り売りしながら，この収入を得ていると考えてもおかしくはないでしょう．

ちなみに，経済活動という見方からするなら，私たちは勤労時間だけに限って経済活動をしているわけではありません．通勤時間もスポーツに興じているときも，居酒屋で飲んでいる間も，消費を伴う経済活動をしている時間ですから，睡眠や排便などの時間を差し引いた残りは，すべて経済活動の時間と考えることもできそうです．

そこで，20歳から60歳までの40年間，毎年休日を除いた230

日を1日あたり12時間の経済活動をするものとして，それらの総時間で1億円をわってみると，1時間あたり約900円となります．つまり私たちの定年までは，平均すれば1時間あたり約900円の経済活動の連続とみなすことができます．

いっぽう，新幹線を利用すると在来線の普通に較べて時間が節約できますが，時間を節約するための特急料金を調べてみると，おおよそ1時間あたり900円になっています．私たちの経済活動の稼ぎとよく一致しているところが愉快です．

さて，人命はかけがえのないものなので，時として神聖にして犯すべからざるものとみなされます．けれども，時間だってかけがえのないものですから，人命と同じように神聖であるはずです．しかるに，時間のほうは各人が切り売りして経済的な価値に変換しています．そうであれば，人命のほうも経済的な価値としてとり扱っていい理屈ではありませんか．こうして，命や心の価値を哲学的にではなく，もっぱら経済的な価値としてとり扱うという，この本の趣旨にご賛同いただけることとなりました．

うまい方法があるのかな

つぎは，第2の問題に移ります．第1の問題は人命や人間の価値などを数値で表わすことが倫理上，許されるかという点でしたが，これに対しては，価値に哲学的な意味をもたせずに，ひたすら経済的な価値だけを追求すると割り切ってしまうことで悩みから逃れることにしました．そして，第2の問題は，人命や人間の価値，とくに幸福とか好き嫌いのように，心や感覚と強くかかわりあったもの

1. 数字で示せというけれど

の価値を数値で表わす技術的な方法についてです．

　私たちの社会では，現実に，試験では受験生の能力に点数をつけたり，人事考課では同期生の能力に1位からドンジリまでの順位をつけるし，酒の品質を特級，1級，2級に分類して値段をつけるなど，いろいろな性質の価値を数値で表わしています．けれども，どうしても疑問が残るのです．

　たとえば，6ページの表1.1で例示したように，合計点が少しばかり高くても科目ごとにムラのある学生よりは，合計点が少し低くても全科目にバランスのとれた学生のほうが，大学生としてふさわしいのではないかという疑問があるし，前にも書いたように，不器用でも誠実な男と，才知にたけてはいるけれど皆にけむたがられる男と，ぬうぼうとした大器ふうの男など，それぞれタイプの異なった同期の社員に序列をつける場合，どこに重点をおいて評価するかで序列がかわってしまうし，また酒の等級にしても甘好きとか辛好きとか，あるいは淡白を好む人とか濃厚を好く人など人の好みは千差万別ですから，いちがいに，こちらのほうが上等と決めてかかってよいものかと疑問が湧くのです．

　そこで，なるべく万人が納得するように数値をつけたい，いいかえれば，なるべく客観性に富むように数量化したいと，いっしょうけんめいに考えて知恵を絞るのですが，どうしても数値の与え方に自信がもてません．もう少し気のきいた数量化の方法がないものだろうか……というのが，第2の問題です．

　長い間，右往左往してきましたが，やっと本筋に戻ったようです．実は，この第2の問題に答えるのがこの本のテーマなのです．あまり科学的な根拠がないまま直感に頼って数値をつけてきたもの

には科学的な根拠を与え,数値で表わすことが困難と思われていたものにも数量化の手掛かりを与える方法をご紹介するのが,この本の使命です.つぎの章から約200ページにわたって,じっくりと書いてゆきますので,気長におつきあい願えれば幸せです.

数量化とはなにか

本論にはいる前に,測定,評価,数量化などの用語に注釈をつけておこうと思います.これらの用語には万国共通の定義があるわけではありませんから,とくに注釈などをつけないで,日本語の感じのまま使っていても差し支えないのですが,この本は科学的な手法の解説書ですし,科学的であるためには用語はなるべく厳密に使い分けるほうが望ましいと思うからです.

測定は,ものごとの性質をなるべく客観的な数値としてとらえるための行為です.たとえば,体重測定は身体の重さという性質を50kgとか95kgという数値で表わすための行為ですし,体力測定は体力という抽象的な性質を,50mが7秒02で懸垂が16回,などという数値としてとらえるための行為とみなすことができるでしょう.

測定と似た用語に**検査**があります.じっくり吟味してみると,月や太陽までの距離の測定が検査ではなく,所持品検査が日本語の語感としては測定ではないように,測定と検査とがすれちがっていることも少なくありませんが,体力検査が手法としては体力測定と同じであるように,重複した部分も少なくありません.強いていえば,合否の判定をするために行なう測定を検査ということが多いよ

うにも思われますが,この本ではとくに区別をしないで,ごちゃ混ぜに使わせていただきます.用語はなるべく厳密に……などと書いたのに,申しわけありません.

つぎは,**評価**です.評価は,測定という行為のほかに価値判断を含んでいます.たとえば,ある女性が太りすぎか否かを評価する場面を想像してください.身長と体重を測定して160cmと80kgという数値を得たうえに,「こりゃ,太りすぎだ」という判断が加えられているのが評価です.

けれども,160cmの身長で80kgもの体重がある女性なら,身長や体重を測定してみるまでもなく,一見して太っていることがわかり,それに判断を加えれば,たちどころに「太りすぎ」という評価ができます.そこで

$$評価 = 測定(量的記述) + 価値判断 \tag{1.1}$$
$$評価 = 非測定(質的記述) + 価値判断 \tag{1.2}$$

と解釈している先生もいるようです.*

ここで,私は思うのです.質的記述よりは量的記述のほうが一般的にはずっと科学的です.したがって,科学的評価を志すなら,ぜひとも質的記述を数量に直したいものです.ここに,数量化技術の重要性をかいまみることができるではありませんか.

なお,日本語の語感としては,測定が終ったあとの価値判断だけを評価というのではないかとか,質的記述も広い意味では測定では

---

* 『測定と評価の心理』,辰野,高野,加藤,福沢共編,教育出版㈱,1981,10ページ.

この文献は教育心理学について説いたものですが,「評価」についての解釈は一般的に通用すると思われたので,引用させてもらいました.

ないかなど，異論のある方も少なくないかもしれませんが，この本では，前記の先生の解釈をとらせていただこうと思います．

最後は，**数量化**についてです．数量化は，文字どおりものごとの性質を数量化すること，つまり数値で表わすことです．したがって，身長を160cmという数値でとらえたり，懸垂の能力を16回という数値で表わしたりするための測定も，数量化に含まれると考えて差し支えありません．ただし，測定という使いなれた用語があるのですから，わざわざ数量化などという必要はないと指摘されれば反論するつもりはありません．

数量化という用語は，単純な物理的手段では数値として表わすことができないか，あるいは困難であると思われていた性質を数値としてとらえることを指すのがふつうです．たとえば，「幸福さ」を数値で表わす試みなどが，数量化の典型的な例のひとつです．

そのためには，まず「幸福さ」をつくり出す要素として何が本質であるか，を洗い出さなければいけません．そして，富，地位，性の満足度，……エト・セトラ……が幸福をつくり出す本質的な要素だとすれば，つぎには富や地位や性の満足度などなどを数値で表わす必要があります．それが，かりに4点，6点，5点などなどであったとしたら，これらの点数を総合して「幸福さ」を表わす数値にしなければなりません．

どのようにして本質的な要素を洗い出すのでしょうか．それぞれの要素に点数をつけるには，どうすればよいのでしょうか．それらの点数をどのように総合すれば，「幸福さ」を正しく表わしてくれるのでしょうか．これこそ，まさに数量化の技術の真髄です．

これで，第1章は終りです．私の生まれた秋田地方の納め言葉を借りるなら，と・っ・ぴ・ん・ぱ・ら・り・の・ぷ・う・，です．では，章を改めて，数量化技術の真髄に迫っていこうではありませんか．

2. 順位を決める

尺度のいろいろ

　女性の一生は肥満との戦いだそうです．洗濯機や掃除機のおかげで家事の重労働からは解放されるし，車やバイクが普及して歩くことさえ少なくなったところへ，インターネット上の美味しそうな写真が食欲をそそり，お取り寄せもできるのですから，らくをしておいしいものを食べたいという欲望と，いつまでもスマートな体形を保ちたいという願望とのジレンマに，多くの女性がさぞや切ない思いをしていることと同情を申しあげます．

　ところが，肥満の悩みは男性のほうにも伝染しています．原因は女性の場合と同じように，運動不足と食べ過ぎにちがいないのですが，その酬(むく)いとしての肥満が心臓に余計な負担をかけて命を縮めるばかりでなく，生活や仕事についてのバイタリティを損なうというのですから，事態は深刻です．アメリカの企業や軍隊では，過度に肥えると上級幹部になる資格を失うそうです．自分の体重さえコン

分類も数量化の一種である

トロールできないような男に,大きな組織をコントロールできるはずがない,ということでしょうか.

ところで,肥満には羨望期,滑稽期,同情期,絶望期の4段階があるといわれます.ふっくらとして恰幅がいいなとか,ぽっちゃりとして色気があるわねと羨しがられるのが羨望期,ころころと太ってユーモラスな感じを与えるのが滑稽期,あんなに肥ってお気の毒にといわれるのが同情期,それをすぎたら,もういけませんと絶望期,というわけです.日本では絶望期の肥満体はめったに見かけませんが,欧米では見事な絶望期にしばしば出会います.食生活の差でしょうか,体質の差でしょうか.

さて,肥満の程度をこの4段階に分ける作業も,よく考えてみると数量化の一種です.その証拠は,つぎのとおりです.

  羨望期 に 1
  滑稽期 に 2

同情期　に　3
　　　絶望期　に　4

という数値をあてがってみてください．そうすると，肥満の程度を4段階に分ける作業は，肥満の程度を1から4までの数値で表わす作業にほかなりません．だから，この作業は数量化の一種なのです．

　それなら，プロ野球のファンを巨人ファン，阪神ファン，中日ファンなどに分類する作業も，数量化の一種といえそうに思われます．

　　　巨人ファン　に　1，　　阪神ファン　に　2，　など

の数値を割りあてたとすると，ファンをひいきチーム別に分類する作業は，ファンを1, 2, ……などの数値で表わす作業とまったく同じだからです．つまり，分類という作業は，数量化の一部にちがいないのです．

　そもそも，数量化とは対象の性質を数値で表わす作業です．もちろん，めったやたらに数値を割りふるのではなく，なんらかの規則に従って数値が与えられなければなりません．その規則を尺度と呼ぶことにしましょう．ちょうど，「長さ」という性質を数量化するためには，センチメートルやインチを単位とした等間隔の目盛が尺度であり，その目盛と比較して長さを数値で表わすように，です．

　実は，長さを数量化する——長さを測る，というほうが素直かな——ための尺度は，いろいろな尺度の中でもっとも上等な部類に属します．なぜ上等かは，あと4ページほど読みすすむと，すぐわかる仕掛けになっていますので，しばらくお待ちいただくことにして，このような尺度を**絶対尺度**と呼ぶことを，まずご紹介いたしま

2. 順位を決める

しょう．なにしろ，ゼロを起点にして目盛の間隔をきちんと約束しておけば，長さの絶対値を測ることができるのですから，このような尺度が絶対的でなくてなんでしょう．

長さばかりでなく，重さ，速さ，磁場の強さなどのように，古くから物理的な測定の対象となったものには絶対尺度に恵まれたものが多いし，社会現象の中にも映画やプロスポーツの人気を数量化するための観客動員数のように，絶対尺度をもつものも少なくはありません．

けれども，長さや重さを測ったり，観客の数をかぞえたりした結果を数値で表わす行為は，広い意味での数量化かもしれませんが，改めて数量化と呼ぶのは気がひけます．なにしろ，数値で表わしにくかったものを数値で表わすために，数量化の技法が脚光を浴びたのですから，人間の知能とか幸福さ加減のように，物理的に測定したりかぞえたりしにくい性質を対象として話をしたいものです．けれども，そういうものに対象を絞ってしまうと，絶対尺度によって数量化できることは，非常にまれであるといわざるを得ないのが残念です．

これに対して，絶対的なものさしは発見されていないけれど，相対的な比較の値でなら数量化できることが少なくありません．このような場合に使われる尺度を**相対尺度**といいます．たとえば，知能の程度を表わす値として有名な知能指数もその一例です．知能指数は，ふつう IQ (intelligence quotient) と呼ばれていますが，その IQ は

$$IQ = \frac{精神年齢}{実際の年齢} \times 100 \tag{2.1}$$

で表わされます.* かりに,5歳のしずかちゃんが平均的な9歳の子供と同じ知能をもっていたなら,しずかちゃんのIQは180, 10歳の剛田くんが平均的な6歳の子供と同じ知能なら,剛田くんのIQは60というぐあいです.

IQは,式(2.1)からも明らかなように,人間の知能を絶対的なものさしで測るのではなく,各年齢ごとの平均的な知能と比較して相対的に数量化しているのですが,その比較が「差」ではなく「比」で行なわれていることが特徴です.

これに対して,相対尺度が「差」でつくられていることは稀ではありません.たとえば,温度の摂氏目盛などがそうです.20℃の気温が10℃より2倍だけ温かいなどといえば笑われますが,10℃のものを20℃に温めるのに必要な熱量と,70℃のものを80℃に加熱する熱量とは同じですから,「差」に関しては公平なものさしが与えられています.そこで,相対尺度をIQのような**比率尺度**と,摂氏目盛のような**間隔尺度**とに分けて考えることが多いようです.

つぎに,ミスコンの審査員になって10名ばかりの候補者に順位をつける情景を楽しく想像していただきましょうか.適当な相対尺度を決めて候補者のひとりひとりを採点しようとすると,相対尺度の決め方がむずかしくて日が暮れてしまいますが,順位を決めるだけなら多少の迷いはあっても,さして時間はかからないでしょう.このように,与える数値は順位だけと割り切ってしまうとき,その

---

* 式(2.1)のようにIQを決めると,青年以上では年齢は増加するのに知能の発達が停滞するため,IQがどんどん低くなってしまいます.そこで,現実のIQ判定には他の方法がくふうされています.IQには,101ページで再会する予定です.

2. 順位を決める

数量化の尺度を**順位尺度**といいます．匂いの良い悪い，手ざわりの良否など，感覚的なものの中には，順位くらいはつけられるけれど，納得のいく採点までは自信がない，というものが少なくありません．

そして，最後には，巨人ファン，阪神ファン，中日ファンなどなど，と分類する場合です．巨人ファンが他のファンに較べて道徳的であるわけでもないし，脳細胞がとくに優れているとも思えないし，したがって順位をつける必然性はどこにもなく，ひたすら分類するしかしかたがありません．つまり，セントラルリーグの6チームごとに分ける，ということだけが数値を与えるための規則，すなわち尺度です．このような尺度は，**名義尺度**と呼ばれるのがふつうです．巨人ファンとか阪神ファンとかの名義だけが数量化の手掛かりだからでしょう．

ところで，巨人ファン，阪神ファン……には，たしかに順位がつけようがなく，ひたすら分類するだけですが，肥満の程度を分類した

　　　　羨望期，滑稽期，同情期，絶望期

には，分類ばかりでなく，明らかに順序があるではありませんか．どちらがトップで，どちらがドンケツかは議論があるにしても，一部分の順序が勝手に入れかわっては困ります．やはり，肥満度の順か，その逆順になっているのが自然です．このように，順列がついたグループに分類することを**格付け**といいます．酒を特級，1級，2級に分けるのも，すしに松，竹，梅があるのも，格付けの仕業です．

だいぶ，ごちゃごちゃとしてきました．このへんで，数量化のた

めの尺度を整理しましょうか．これまでに紹介したいろいろな尺度を列記すると，つぎのようになります．

　　　絶対尺度

　　　相対尺度 ｛ 比率尺度
　　　　　　　　間隔尺度

　　　順位尺度

　　　名義尺度(格付けを含む)

尺度の階級

前節のまん中あたりに，絶対尺度がもっとも上等な尺度であり，その理由は4ページ後にはわかる仕掛けになっている，と書いてあったことを思い出してください．その仕掛けを，ここでご説明しようと思います．

どぎつい例で恐縮ですが，かりに人間ひとりひとりの価値を金額で表わすための絶対尺度があるとして，6人の女性の価値をその尺度で測ったところ

　　　りの　　　　4,000万円

　　　ゆき　　　　3,900万円

　　　まゆ　　　　2,200万円

　　　みなみ　　　2,100万円

　　　じゅりな　　2,000万円

　　　さやか　　　1,000万円

であったと思ってください．これだけデータが揃えば，6人の価値については，お互いどうしの比率も，差も，順位もすべてが明らか

です．さらに

　　　りの，ゆき　　　　　　　　……高値

　　　まゆ，みなみ，じゅりな　……中値

　　　さやか　　　　　　　　　　……安値

という格付けもできるし，格付けの必要がなければ，3つのグループに分類しっぱなしでも差し支えありません．このように，絶対尺度が与えられれば，相対尺度，順位尺度，名義尺度のすべてをカバーしてしまいます．だから，絶対尺度がいちばん上等な尺度なのです．

　これに対して，間隔尺度が与えられて

　　　りのとゆきの差　　100万円

　　　りのとまゆの差　1,800万円

　　　　……など，など………

が判明しているなら，どうでしょうか．6人の価値に順位をつけたり，格付けをしたり，分類をしたりはできますが，6人の価値の比率はわからないし，各人の価値の絶対額を知る術もありません．

　また，順位尺度によって

　　　りの，ゆき，まゆ，みなみ，じゅりな，さやか

という順位だけが決められているときは，合格と不合格の2グループに分けるとか，合格，補欠，不合格の3グループに格付けすることはできますが，価値の差も比も絶対額も見当がつきません．

　こういう次第ですから，一般的にいうと，尺度としては

　　　絶対，相対(比率，間隔)，順位，名義(格付け，分類)

の順序で上等なのです．

　ところで，6人の女性の価値が比率尺度によって

りの 4.0, ゆき 3.9, まゆ 2.2

みなみ 2.1, じゅりな 2.0, さやか 1.0

と表わされている場合について考えてみてください．じゅりなの値打ちはさやかの2倍もあり，りのはさらにその2倍もの値打ちがあるという表現は，私たちの価値判断にとって貴重な情報を提供してくれます．これに対して，さやかよりじゅりなが1,000万円高く，りのはじゅりなよりもさらに2,000万円も高いという情報だけでは，正しい価値判断ができるとは限りません．

なぜかというと，つぎのとおりです．間隔尺度によれば，たとえば

① $\begin{cases} さやか\quad 1{,}000\,万円 \\ じゅりな\quad 2{,}000\,万円 \end{cases}$ ② $\begin{cases} さやか\quad 8{,}000\,万円 \\ じゅりな\quad 9{,}000\,万円 \end{cases}$

のどちらであっても，「差は1,000万円」としか表現されませんが，現実問題としては，さやかとじゅりなの価値は，①なら「倍もちがう」のに，②なら「大差ない」のです．したがって，間隔尺度による数量化では，価値判断にとって十分ではないことが少なくありません．それは，間隔尺度ではゼロという原点の位置が不明であることに責任があります．

いっぽう，比率尺度では比率がゼロというところに原点がありますから，相対的な価値判断に狂いが生じるおそれはありません．そして，もしも森羅万象のすべてに同じ比率尺度が適用できるなら，たとえばさやかの価値を1としたとき，プリウスの新車は0.2，私にとって1年の休暇は0.8，世界から核兵器を追放することは2×10^5，というぐあいに数量化できるなら，この比率尺度は完全に絶対尺度に匹敵します．

そこで，数量化のための尺度を，34ページでご紹介した分け方のほかに

   比率尺度（ratio scale）
   間隔尺度（interval scale）
   順位尺度（rank order scale）
   名義尺度（label）

と紹介している文献も少なくありません．

一対比較法

　数量化の尺度には，絶対尺度から名義尺度までいろいろなものがあり，名義尺度から絶対尺度のほうへ移るにつれてオールマイティに近づくと書いてきました．それなら，これらの尺度をつくるのは，きっと名義尺度から絶対尺度への順序でむずかしくなるにちがいありません．なにごとによらず，完全なものほどつくり出すのがむずかしいのが，この世の常識だからです．したがって，数量化技術のご紹介は，まず分類の手法からはじめるのが筋かもしれません．

　けれども．ここでは，順位をつける方法からスタートしようと思います．なぜかというと，分類という作業は，男と女に分けるとか，巨人ファン，阪神ファン，……に分類するというような簡単なものもありますが，一筋縄ではいかないものも少なくないのです．たとえば，数十名の同級生を似たものどうしに分類しようと考えてみてください．まず，似たものどうしとはなにか，という疑問に突き当ります．身長の高低や太さ加減に注目するのでしょうか．学力や体力が決め手でしょうか．それとも，容姿，趣味，家庭環境，性

格などのどれかがもっと重要かもしれません．

「似たものどうし」というとき，なにとなにが本質的な要因で，それらがどう絡みあっているかを解明しないことには，似たものどうしに分類することなど，できはしないのです．リンゴがバラ科に属したり，キリンや鹿は馬の親戚ではなく，カバや猪に近い仲間であったりするような生物の分類*が，素人には容易に理解できないのも，このあたりのむずかしさによるのでしょう．

いいわけが長くなってしまいました．要するに，分類の手法はあとまわしにして，順位をつける手法から話をはじめようというのです．さっそく，具体例にとりかかります．まず，数名の歌い手に順位をつけることにしましょうか．もちろん，歌がうまい順に順位をつけるのです．

ところで，歌がうまいとは，どういうことでしょうか．音階とリズムが正確なことでしょうか．声が魅力的なことでしょうか．それとも，歌の心が生かされていることでしょうか．「似たものどうし」とはなにか，と同じような難問に突き当るように思えます．

けれども，各人の好き嫌いや観点の差はあるにしても，「似たものどうし」の判定に較べれば，歌のうまさの判定のほうが，はるかに容易であることには同意していただけそうです．音階やリズムの正確さも声も歌の心もぜんぶこみにして，歌のうまさを一応は判定できるからです．では，さっそく始めましょう．

ミスコンなら候補者全員をならべておいて，あれとこれとを見較べたり，そっちとこっちを比較したりしながら徐々に的を絞り，1

---

* 数値化による生物の分類の研究が行われています．詳しくは，235ページでお話しするつもりです．

位，2位，3位，……と指名していくことができますが，歌い手の場合には，これができません．なん人もいっしょに勝手な歌を歌ったのでは，さすがの聖徳太子でも聞き分けられないからです．そこで，ひとりずつ順ぐりに歌わせて順位を決めなければならないのですが，これはなかなか厄介な仕事です．なん人めかが歌うころになると，ずっと前に歌った歌手の印象がその後の歌の影響を受けて変化するので，とても正しい比較など，おぼつかないのです．

そこで，1番めの歌い手からつぎつぎに採点したり，印象をメモしたりして比較を助けようとするのですが，これもまた，あまりあてになりません．国会議員の選挙と同時に行なわれる最高裁の裁判官に対する国民審査では，右から2番めに印刷された氏名に異常に多くの×印がつくことが指摘されているように，採点者の心理には奇妙な癖があるからです．なん人かをつぎつぎに採点する場合，一般には最初は辛く，途中は甘く，終りには再び辛くなる傾向があるそうですし，直前の候補者との比較に点数がひきずられたりして，公平な採点などできそうもありません．

こういうときには，**一対比較法**がおすすめできます．この方法は，文字どおり一対ごとに優劣を判定し，その結果を総合して全員の順位を決定するやり方です．たとえば，4人の歌手A，B，C，Dの順位を決めたいときには，まずAとBの歌を聞きます．2人のうち，優れているほうに軍配をあげるだけですから判断に迷うことも少ないし，どちらが先に歌っても判断にはあまり大きな影響がありません．その結果AのほうがBより優れていたとして，それを

$$A \to B$$

と書くことにしましょう．こういうとき，A＞Bと書いてある文

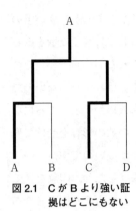

図 2.1 C が B より強い証拠はどこにもない

献も少なくありませんが, ここでは, 5 ページあとと関連があるので, 矢印を使うことにしました. 矢印の意味を, A が B を打ち負かした, とでも理解しておいてください.

さて, A と B とのとり組みが終ったら, C と D とを競わせてみましょう. その結果, C に軍配があがり

$$C \to D$$

となったと思っていただきます. つぎは, 1 回戦の勝者どうし, A と C との決勝戦です. 決勝戦は A が勝って

$$A \to C$$

となったとしましょう (図 2.1 参照). なにやら, トーナメント方式の勝抜き戦のような……. 勝抜き戦なら, このあと B と D とが 3 位決定戦をやって

$$B \to D$$

であれば,

  1 位: A, 2 位: C, 3 位: B, 4 位: D

となって戦いは終るのですが, 公正に順位を決めるためには, これで終らせてはいけません. まだ, C が B より優れている証拠はどこにもないではありませんか. ひょっとすると, B のほうが C より強いのに, 不運にも 1 回戦で最強の A とあたり, 敗退したのかもしれないのです. そこで, B と C とを競わせる必要があります. これが, 敗者復活戦の思想です. 敗者復活戦の結果が

2. 順位を決める

$$B \rightarrow C$$

であったとしましょう．なるほど，やってみないとわからないものだなあ．これで，

　　1位：A，　　2位：B，　　3位：C，　　4位：D

が確定しました……と，ほんとうに信じてだいじょうぶでしょうか．A，B，C，Dの4人から2人ずつのペアをつくると

　　AB，AC，AD，BC，BD，CD

の6種類があり，そのうち5種類のペアについてはすでに対決が終り決着がついていますが，まだAとDのペアについては対決がすんでいないのです．すでに，AにBが負け，BにCが負け，そのCにDが負けた実績がありますから，DがAに勝つことがあろうとは考えにくいところですが，しかしグー・チョキ・パーとか，炎・草・水，さらには政治家・官僚・国民のような**三すくみ***も実在することですし，まかりまちがってDがAを負かすことがないとは限りません．で，念のためにAとDとを競わせてみたところ

$$A \rightarrow D$$

と，まかりまちがわない結果が出たとしましょう．

　実は，これで4人のリーグ戦が完了したことになります．そして，その星取り表は，表2.1のとおりです．これなら，1位から4位までの順位に文句はありますまい．

　このようにして順位を決めるのが一対比較法です．2つを比較してどちらに軍配をあげればいいのですから，判断がやさしいとこ

---

*　三すくみは，絶対的権威の否定であり，日本人の精神構造に強く影響しているのではないかと説く先生もいます．（『日本人の知恵』，中公文庫，梅棹忠夫著）

表 2.1 順位に文句なし

	A	B	C	D
A	×	○	○	○
B	●	×	○	○
C	●	●	×	○
D	●	●	●	×

ろがなによりも取柄で,そのためにとくに訓練を受けていない一般の消費者に味や匂いや手ざわりなどの順位をつけてもらうときなどに,よく利用されています.

ただし,いくつかの候補にリーグ戦をやらせないといけないので,候補の数が多くなると,手数がたいへんです.

n 個の候補がリーグ戦をすると,対戦数は

$$n(n-1)/2 \tag{2.2}$$

になりますので,いろいろな n についてこの値を計算してみました.表 2.2 を見ていただくとわかるように,候補が 4～5 人のうちは問題はありませんが,それより候補がふえると対戦数が加速度的に増大してしまい,候補が 15 人とか 20 人にもなると,実際問題として一対比較法を完全に行なうのは無理があるようです.

表 2.2 一対比較法の対決数

n	$n(n-1)/2$
3	3
4	6
5	10
6	15
8	28
10	45
12	66
15	105
20	190

ところで,この例はミスコンではなく,歌手のコンクールでしたから全員が同時に歌うわけにはいかず,一対比較法の恰好の題材になってしまいましたが,ミスコンなら全

員を一堂にならべて，あれとこれとを見較べたり，そっちとこっちを比較したりして徐々に的を絞り，1位，2位，3位，……と指名していくことができそうです．けれども，あれとこれとを見較べたり……という手順を考えてみてください．知らず知らずのうちに一対比較法を使っているではありませんか．このように，一対比較法は，順位を決めるための基本的な手順なのです．

同点が生じたら

　前節では，AにBが負け，BにCが負け，そのCにDが負けているので，DがAに勝つとは考えにくいけれど，念のためにAとDとを競わせてみたところ，まかりまちがわずにAが勝ちましたので，文句なく4人の順位をABCDと決めることができました．それでは，もしもAとDとの対決の結果が，まかりまちがってDに軍配があがっていたとしたら，どうなるでしょうか．なんとなく歌手どうしの対戦ではなく，すもうか将棋の対決みたいなムードですが，気にせずゴー・アヘッドです．

　4人の星取り表は，この場合は表2.3のようになります．AとBがともに2勝1敗ですから，どちらを上位につけていいかわからないし，またCとDの星勘定も同じですから，どちらがビリとも決めかねて，往生してしまいそうです．こういうときにも，往生せずに順位を決める方法のひとつをご紹介しようと思います．*

＊　順位を決めるためのこの方法は，グラフの理論を利用して通信網の性質を解明する手法の，ちょっとした応用です．興味のある方は，拙著『図形のはなし』，日科技連出版社，11〜17ページあたりをごらんください．

表 2.3　順位はどうなる

	A	B	C	D	
A	×	○	○	●	2勝1敗
B	●	×	○	○	2勝1敗
C	●	●	×	○	1勝2敗
D	○	●	●	×	1勝2敗

　まず，順位を決める判断基準として，「より多くの相手より優れていると判定されたのはどれか」であると約束しましょう．なぜ，このような約束が必要かについては，あとでいいわけをするつもりです．この基準に従って，まず白星の多いほうに上位の順序を与えます．白星の多いほうが直接比較で負かした相手が多いからです．この約束に従うと，AとBが同点で1位と2位とを分けあい，CとDとが3位と4位とを分けあうことになり，ここまでは常識の域を一歩も出ていません．

　つぎに，白星が同数の場合には，間接的にでも負かした相手が多いほうを上位につけましょう．間接的に負かした相手が何人いるかを調べるには，図2.2のようなグラフを描いてみると便利です．すなわち，A, B, C, Dを手ごろな関係に配置し，対戦の結果

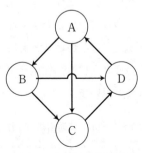

図 2.2　勝ち負けグラフ

を矢印で記入するのです．

さて，図を見てください．Aからは2本の矢印が，BとCへ向って出ています．これはAが2勝をあげていることのなによりの証拠です．そして，Aに打ち負かされたBからはCとDへ，またAに打ち負かされたCからはDへ矢印が出ています．つまり

ですから，Aは間接的には3勝をあげていることがわかります．

これに対して，Bのほうを調べてみると

となっていますから，Bは間接的にも2勝しているにすぎません．したがって，AとBとでは，Aのほうが上位にランクされることになります．

同じように，CとDとが間接的になん人を負かしているかを調べてください．

$$C \longrightarrow D \longrightarrow A \qquad D \longrightarrow A \begin{array}{c} \nearrow B \\ \searrow C \end{array}$$

というぐあいですから，CよりはDのほうが上位と判定されます．

このようにして，Dがまかりまちがって A を負かしてしまったのなら．4人の順位は

　　　A，B，D，C

の順であると判定されます．

いまの例では，直接的な勝ち数ではAとBとが同位であり，またCとDとが同位でしたが，間接的な，それも1段階だけ間接的な勝ち数を調べてみたところ，たちまち4人に順位がついてしまいました．けれども，1段階の間接的勝ち数では決着がつかないこともあります．そのときには，さらに2段階，3段階，……と間接的勝ち数を調べてゆけばいいでしょう．

なお，さきほど順位を決める判定基準として，「より多くの相手より優れていると判定されたのはどれか」であると約束しました．そして，その結果，ABDCという順位が決定されたのでした．それなら，判定基準として，「より多くの相手より劣っていると判定されたのはどれか」とすれば，順位は逆転してCDBAとなると思われるかもしれません．けれども，いまの例にならって調べてみると，結果は意外にもCDBAとはならず，DCABと判決されます．すなわち，「より多くの相手より優れて……」と「より多くの相手より劣って……」とは，正反対の価値観ではないのです．

こういう次第ですから，きらいな順にならべた結果を逆順にすれば，好きな順にならんでいるはず，とはいきません．ここに，人生のおかしさや，おもしろさがあるのでしょうが，数量化のための科学的な立場からすれば，さてもやっかいな話ではありませんか．

三すくみが犯人

前々節の例では，表2.1のようにAが3勝，Bが2勝，Cが1勝，Dが0勝でしたから，4人の順列が文句なく決まったのに対して，

前節の例では表 2.3 のように A と B とが 2 勝ずつ，C と D とが 1 勝ずつなので，さらに間接的な勝ち数を調べてみないことには順列の決めようがありませんでした．このようにやっかいな事態を引き起した犯人はといえば，それは「三すくみ」です．

ごめんどうでも，3 ページばかり元に戻って図 2.2 を見ていただけませんか．図を観察すると，

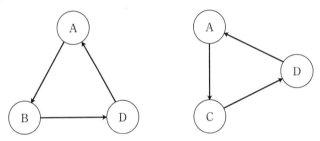

という 2 つの三すくみが発見されます．このほかに，A は B に勝ち，B は C に，C は D に，そして D が A に勝つという四すくみもあるではないかと気がついた方がおられるかもしれませんが，総当りのリーグ戦の場合には，三すくみがないのに四すくみや五すくみなどが起こることはありません．いうなれば，四すくみや五すくみを起こす犯人は三すくみであり，三すくみこそ順位尺度における基本的な矛盾であるといえるでしょう．

それにしても，なぜ三すくみが起こるのでしょうか．A が B より勝り，B が D より勝るなら，A は D より勝っているはずではありませんか．現に，数学では

$A > B$ であり，かつ $B > D$

ならば

$A > D$

であることは自明の理です．

三すくみが起こる理由として，状況によっていろいろな場合が考えられますが，その主なものを二，三ご紹介しましょう．まず，石川，福原，伊藤の3人が，すもうでも将棋でも，なんでもいいのですが，とにかくリーグ戦を行なうと思ってください．引き分けなどはなく，必ず勝敗の結着はつけていただきましょう．そして

　　　　石川が福原に勝つ確率　を　p
　　　　福原が伊藤に勝つ確率　を　q
　　　　伊藤が石川に勝つ確率　を　r

とでもしましょうか．もちろん，福原が石川に勝つ確率は $1-p$ などなどです．現実の問題としては，p, q, r はいずれも1や0ではありません．石川が福原よりも強いといったところで，2人が戦ったとき絶対確実に石川が勝つと決まっているわけではないのです．横綱が平幕に負けることは珍しくないし，名人が初段に敗れることもあるし，それにだいいち，いっぽうが絶対に勝つとわかっている勝負は数量化の問題になどならないのです．

さて，三すくみには

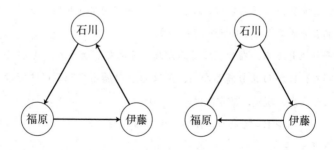

の2種類がありますから，三すくみが起こる確率 P は

$$P = pqr + (1-p)(1-q)(1-r) \tag{2.3}$$

となります.これだけでは,おもしろくもなんともないので,具体的な値を入れてみます.かりに

　　　石川が福原に勝つ確率　$p = 0.8$
　　　福原が伊藤に勝つ確率　$q = 0.8$
　　　伊藤が石川に勝つ確率　$r = 0.1$

としてみましょう.石川は福原に8割もの勝率をもっていますから,かなりの実力差です.そして,福原は伊藤に対してやはり8割もの勝率を誇って大差をつけています.そうすると,伊藤は石川にはほとんど勝ちめがないはずで,なるほどたった1割の勝率しかありません.これらの値を式(2.3)に代入して計算してみると,三すくみが起こる確率は

$$P = 0.1 \tag{2.4}$$

となります.石川,福原,伊藤の実力差がこれほど顕著でも,三すくみは10%もの確率で起り得ることがわかります.

　ちなみに,この場合,石川が2勝,福原が1勝,伊藤が0勝と順当な戦績で終る確率を計算してみると0.576であり,60%を割っています.世の中は,当り前のことばかりが起こるとは限らないのです.

三すくみの第1の理由

　三すくみが起こる第1の理由は,このように優劣の判定が確率的であるところに存在します.そして,実をいうと優劣の判定は,どんな場合でも多かれ少なかれ確率的であると考えるのが正しいので

す．たとえば，AとBという2つの物体の重さを測り較べる場面についていえば，つぎのとおりです．

まず，Aの重さを測ります．すぐに1つの測定値が求められますが，これは決してAの真の重さではありません．精密な測定器を使い，熟練した測定者がていねいに測れば，その測定値は真の値にごくごく近い値だとは思いますが，真の値とはほんのわずかだけ異なっているかもしれません．どだい，真の値など神のみぞ知る，なのです．

そこで，念には念を入れて同じ測定をなんべんも繰り返すと，そのたびにほんの少しずつ異なった測定値が集まるのですが，これらの測定値は図2.3の上段のように，正規分布をすると考えて間違いありません．これらの測定値の平均値をμ_A，標準偏差をσ_Aとします．*

いっぽう，Bの重さについても測定を無限回に近く繰り返したところ，測定値の平均値はμ_Bで，標準偏差はσ_Bであったと思っていただきます．

この場合，AとBの重さの真の値は，いぜんとして神のみぞ知る値です．しかし，いつまでもそんなことをいっていたのでは，AとBの重さを比較することができませんから，私たちは目をつぶって，Aの真の重さはμ_A，Bの真の重さはμ_Bと信じることにします．

---

   * 厳密にいうと，ここでは測定値の無限母集団を考えています．平均値μとか標準偏差σ，およびこれからちょくちょく出くわす統計数学については，恐れ入りますが，拙著『統計のはなし【改訂版】』または『統計解析のはなし【改訂版】』，ともに日科技連出版社，を参考にしていただければ幸いです．

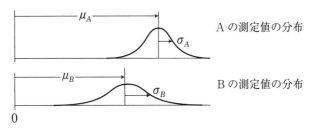

図 2.3 A ＜ B と判定されることもある

μ_A と μ_B はきっと真の値に限りなく近い値でしょうし，それに μ_A と μ_B よりさらに真の値らしいと信ずべき値など，あり得ないからです．

それなら，μ_A と μ_B を比較して μ_A のほうが大きければ A のほうが重いと判定し，μ_B のほうが大きければ B のほうが重いと判定すればよく，図 2.3 の例では

　　　　A ＞ B

という理屈になり，判定が確率的とはいえないではありませんか．そのとおりです．けれども，私たちが A と B の重さをそれぞれ無限回に近く測定し，その平均値を計算して比較したりするでしょうか．ふつうは，A と B の重さを 1 回ぽっきりずつ測って，その値どうしを比較するにちがいありません．

となれば，ことはめんどうです．図 2.3 の場合，A の 1 回ぽっきりの測定値が分布の左端のほうにあり，B のただ 1 つの測定値が分布の右端のほうにあったとすれば，

　　　　A ＜ B

と判定ミスしてしまうではありませんか．

では，このような判定ミスは，どのくらいの確率で起るのでしょうか．図2.4を見てください．いままでどうり

　　Aの測定値は　平均値μ_A，標準偏差σ_A

　　Bの測定値は　平均値μ_B，標準偏差σ_B

とし，Aの測定値の分布とBの測定値の分布から1つずつの値をとり出して

　　Aの測定値 − Bの測定値

という値をつくる作業を繰り返すと，それらの値はまた正規分布し，その

$$\left. \begin{array}{l} 平 均 値 \ \mu = \mu_A - \mu_B \\ 標準偏差 \ \sigma = \sqrt{\sigma_A^2 + \sigma_B^2} \end{array} \right\} \quad (2.5)$$

となることが知られています．そして，「Aの測定値 − Bの測定値」がマイナスの値になったときには，

　　A ＜ B

と判定ミスをくだしてしまうのですから，その確率は図2.4に薄ずみを塗った部分の面積に相当することになります．

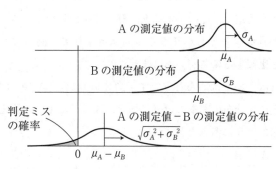

図2.4　判定ミスをする確率

実例をあげましょう．現実には不可能ですが，かりに無限回の測定を行なったとしたとき

　　　Aの重さ　平均値101，標準偏差1
　　　Bの重さ　平均値99，　標準偏差2

であると仮定しましょう．単位はミリグラムでもメガトンでも，なんでも結構です．測定の精度があまりよくないようですが，気にしないでください．

では，実際にAとBとを1回ぽっきりずつ測定し．

　　　Aの測定値 − Bの測定値

という値をつくります．この値がプラスならAのほうが重いし，この値がマイナスならBのほうが重いと判定するのは，この世の常識です．

ところが，この値は式(2.4)によって

　　　平　均　値　$\mu = 101 - 99 = 2$
　　　標準偏差　$\sigma = \sqrt{1^2 + 2^2} = \sqrt{5} \fallingdotseq 2.24$

の正規分布をするのですから，その分布を描いてみると図2.5のような感じになります．そして，正規分布の数表を引いて調べると，ゼロより小さい範囲の面積が18.6%にも及ぶことがわかります．つ

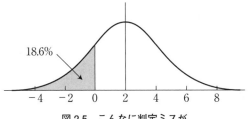

図2.5　こんなに判定ミスが

まり,「Aの測定値 - Bの測定値」がマイナスの値になり,Bのほうが重いと誤った判定をくだす確率が18.6%もあるというのが,この例の結論です.

ところで,AとBの重さを比較するだけなら,Aの重さとBの重さを別々に測ってから両方の値を較べるようなことはせずに,精密天秤の左右の皿にAとBとを分けて乗せればいいではないか,と素朴な疑問を抱かれた方に,お答えします.

たしかに,そのほうがAとBの重さを別々に測って比較するよりも,判定ミスの確率が減少することは理論的にも証明できます.けれども,別々に測ったとき判定ミスがあり得る状況下では,左右の皿にAとBを乗せて比較しても,判定ミスの確率をゼロにすることはできません.目に見えないほどのゴミとか,人体に感じないほどの振動や,秤のガタなど,天秤を反対の方向に傾かせるすべての原因をとり除くことはできないからです.

いままで,重さを測り較べる場面を例にとって優劣の判断が確率的であると書いてきましたが,重さの比較でさえ,このていたらくですから,学力とか手ざわりの良し悪しなどの比較なら,もっともっと確率的であろうと合点していただけるでしょう.

三すくみの第2の理由

景子,美織,美玲という3人のガールフレンドがいると思っていただきます.そろそろ1人に的を絞って交際を深めたいのですが,三人三様の魅力があって,どうしても1人に絞りきれません.そこで,一対比較法とやらを頼りに順位付けを試みたところ,景子と美

織の比較でなら景子，美織と美玲を較べると美織なのに，美玲と景子とでは美玲のほうに心の中の軍配があがってしまいました．三すくみです．ずいぶんぜいたくな悩みで，私もあやかりたいくらいですが，それにしても，なぜ三すくみになってしまうのでしょうか．

図2.6は，その理由の典型的な一例です．図では，横軸に人柄を，縦軸に容姿をとり，横軸は右へいくほど人柄が優れ，縦軸は上へいくほど容姿に恵まれているとしてみました．

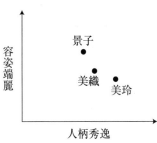

図2.6 どの子が最高か

まず，景子と美織とを較べます．図からわかるように，容姿を比較するなら景子が上，人柄では美織のほうが上なのですが，「顔じゃないよ，心だよ」というのは，どうやら男性を評価するときだけのようで，この場合は容姿優れた景子に心が傾きます．

つぎに，美織と美玲を比較しても，人柄はさておき容姿に勝る美織に軍配をあげてしまう私の正直さを許していただきたいのです．

ところが，どうでしょうか．美玲と景子を較べるときには，どういうわけか美玲の人柄のよさがクローズアップされて美玲を選んでしまうのです．きっと，ひとくちに人柄といっても，それは温かさとか明るさとか す・な・お・さ とか，いろいろな要因から成り立っていて，美織と美玲の比較では目だたなかった何かの差が，景子と美玲を較べるときには露骨に浮かびあがってくるからなのでしょう．

こうして，一対比較法を頼りに，景子，美織，美玲の3人に順位をつけようとしたところ，三すくみになってしまったのですが，こ

順位をつける　　　点数をつける

れが三すくみが起こる第2の理由です．すなわち，どちらが優れているか判定するに際して，優れているか否かを決める要因が2つ以上あり，どちらの要因に重点をおいて判定するかによって結果が逆転してしまう，という状態が現実の世界にはざらにあり，これが順位付けをむずかしいものにしています．

　実際には，ガールフレンドを品定めするときの要因は，容姿と人柄の2つだけではありません．そのほかに，健康とか教養などいくつかの要因があるはずです．したがって，図2.6では横軸と縦軸とでつくられるたった2次元の平面内に3人娘の品質を位置付けていましたが，ほんとうは人柄，容姿，健康，教養など，たくさんの軸によってつくられる4次元空間とか5次元空間とか，あるいはそれ以上の多次元空間の中に3人娘の品質が位置付けられると考えなければなりません．

　いっぽう，順位をつけるということは，3人娘を一線上にならべ

ることを意味しますし，また3人娘に点数をつけるということは，3人娘にそれぞれの間隔を指示したうえで一直線上にならべることにほかなりません．つまり，3人娘に順位をつけたり，点数をつけたりするのは，多次元空間の中でしか表わせない各人の多様な価値を，しゃにむに一次元の直線上に濃縮して表わす行為です．

そして，この行為は，「数量化の技術」そのものです．すなわち，ある性質を適確に表わすための要因は何と何であるかを見定めること，いいかえれば，その性質を何次元の空間でとらえるかということ，つぎにはそれらの要因をどのように重み付けするかということ，いいかえれば，多次元空間の座標軸の目盛をどう刻むかということ，最後には，この多次元空間内に位置付けられた性質をどうすれば一次元の直線上に濃縮して表わせるかということ，などが数量化の原理です．

三すくみの話をしているうちに，数量化の原理にまで話が発展してしまいましたが，ひとまず三すくみの話に戻りましょう．44ページあたりの例では，A，B，C，Dの4人の対決をした中に三すくみが含まれているために，あい星が2組もできてしまいましたが，間接的な勝ち数を比較することによって，とにもかくにも順位をつけることができたのでした．けれども，景子，美織，美玲の例では，3人が三すくみになってしまい，これ以上どうしようもありません．

こういう場合，むりに順位をつけないで同列として扱うのがほんとうだと思いますが，どうしても順位を決めなければならないのなら，くじ引きか，サイコロでも振って運の女神のおぼし召しどおりに順位を決めるほかないでしょう．いくら考えても，迷っても，し

かたがないのですから……．

ついでですから，ひとつの挿話をご紹介してお慰みとしまししょう．あるところに，少しの妥協も許さない潔癖なネズミがいたと思ってください．このネズミから右と左のまったく同じ距離にまったく同じ餌がおいてありました．このネズミとしては右の餌のほうへ走る理由もないし，左の餌めがけて走る理由もありません．こうして，このネズミは餓死してしまったとさ……．

堂々めぐりで議論の果てない会議など，きっと，右にすべき理由も左にすべき理由も決定的ではないのでしょうから，サイコロを振って決めてしまうほうがいいと，私には思えます．余計なお世話かな？

行司をふやせば

思い出してみると，この章は4人の歌手A，B，C，Dに順位をつける作業を例題にして，一対比較法に深入りしてしまったのでした．そして，これまでは一対ごとの対決について，1名の行司がどちらかに軍配をあげると考えてきましたが，しかし，歌の判定には行司の好き嫌いの癖が影響しそうですから，たった1名の行司だけで決着をつけるのはどうかと不安です．この不安をとり除くためには，行司の数をふやせばいいはずです．そこで，大村，中村，小村の3名を行司に動員して，4名の歌手に順位をつけようと思います．

まず，AとBの対決です．大村，中村，小村の3人は期せずしてAに軍配をあげたとします．で，Aには3点，Bには0点を与えます．……(中略)……，最後にCとDとの対決です．こんどは，

どういうわけか票が分かれて，大村がCを，中村と小村がDを選びました．きっと，歌のパンチ力とか声の魅力とかの要因に対する重点のおき方が異なるのでしょう．で，Cに1点，Dには2点を与えます．

こうして，すべての対決が終ったあとで，4人の歌手の得点を合計します．それが，表2.4です．Aの立場で見るなら，左端のAからずっと右へ目を移し，Bからは3点，Cからも3点，Dからは2点を奪ったので，合計8点というように読むのです．合計点の欄を見ていただけば明らかなように，順位は

　　　A，B，D，C

の順です．

この例では，行司は日本の大相撲の場合と同じように，必ずどちらかに軍配をあげなければならないとしてきました．しかし，現実には，どちらに軍配をあげてよいかと迷う場合も少なくなさそうです．それにもかかわらず無理に軍配をあげるようでは，正しい評価の足を引っ張るではありませんか．そのうえ，両者がほとんど同じ程度という貴重な情報を捨ててしまうのは，とても科学的態度とは思えません．そこで，行司のひとりひとりが

表2.4　行司を3人にふやすと，こうなる

歌手＼対戦相手	A	B	C	D	合計点	順位
A		3	3	2	8	1
B	0		3	2	5	2
C	0	0		1	1	4
D	1	1	2		4	3

Aが勝ると思ったら　　　　　　Aに2点
　　　AとBが同じ程度と思ったら　AとBに1点ずつ
　　　Bが勝ると思ったら　　　　　　Bに2点

を配点する方法をおすすめします．表2.5はその一例で，たとえばAとBとの対決では，大村，中村，小村のうちだれか1人が引き分けを宣しているし，AとDとの対決では1人がAに，1人がDに，残りの1人は引き分けの投票をしているか，あるいは3人とも引き分けと判定しているにちがいありません．ともあれ4人の歌手の順位が，

　　　A, B, D, C

であることは，表2.5から明らかです．

　なお，行司のひとりひとりが

　　　Aが勝ると思ったら　　　　　　Aに1点
　　　AとBが同じ程度と思ったら　AもBも0点
　　　Bが勝ると思ったら　　　　　　Bに1点

を配点するのは，一見公平に思えますが，実は正しくありません．これでは，「AとBが同じ程度」と判断した行司が欠席したと同じであり，この貴重な情報を捨てることになるからです．この場合，

表2.5　互角という判定も採用すると，こうなる

歌手＼対戦相手	A	B	C	D	合計点	順位
A		5	6	3	14	1
B	1		5	5	11	2
C	0	1		1	2	4
D	3	1	5		9	3

AとBとが同程度と思ったとき0.5点ずつを配点すれば，前ページの配点をいっせいに半分にしたのと同じことですから，いいのですが……．

判定の自信を判定する

数ページ前に，三すくみが起る第1の理由として，優劣の判定は確率的であることをあげ，偶然のいたずらによって判定が逆転する可能性も，あることを示唆してきました．それなら，たとえば表2.5の得点も，偶然のいたずらによって変化し，順位もあてにならないものなのだろうかと疑念も湧くのですが，しかし4人の点数が僅少差ならともかく，14点から2点までの開きがあるのですから，順位の判定にも相当の自信がありそうにも感じます．いったい，どのくらいの自信を披歴できるのでしょうか．

表2.5のような結果が，偶然によってできたものではなく，4人の歌手の間に厳然とした実力差があるといえるかどうかを調べるには，**検定**という手法を使うのですが，それにはいくつもの方法があります．たとえば，大村がつけた順位と，中村のつけた順位と小村がつけた順位との間の**相関**がどのくらい強いかを計算し，その強さが偶然ではめったに起らないほどであれば，表2.5の順位は信じていい，つまり有意であるとみなすのも，ひとつの手です．

またχ^2-**検定***を利用するのも簡単で有用な方法です．この検定

---

* χ^2は，カイ2乗と読みます．χはギリシア文字ですが，これに相当するローマ字がありません．強いてローマ字を対応させるならCHでしょうか．

法は,おおよそ,つぎのような考えにもとづいています.

A, B, C, Dの合計点は36点ですから,4人に実力差がなければ,9点ずつ分けあうのが平均的なところです.もちろん,この世の中は平均的なことばかりが起こるわけではなく,偶然のいたずらによって平均を上回ったり下回ったりすることはざらに起り得ますが,それにしても,4人の得点が14, 11, 2, 9というほどばらつく可能性は多くはなさそうです.そこで,偶然のいたずらによって,こんなにばらついてしまう確率を計算し,その確率が小さければ——ふつうは,5%以下の確率を「小さい」とみなします——このばらつきは偶然のいたずらで起こったものではなく,4人の間に実力差があると認めよう,というのが χ^2-検定の精神です.

χ^2-検定の理屈は他の本にゆずることにして,ここでは計算の流れだけをご紹介しましょう.

歌手	現実の得点	平均点	その他	2乗する	平均値で割る
A	14	9	5	25	2.78
B	11	9	2	4	0.44
C	2	9	-7	49	5.44
D	9	9	0	0	0.00

計 8.66

こうして求められた8.66が,現実の得点が平均値とくい違っている大きさを表わす χ^2 の値なのですが,いっぽう,5%の確率で発生するくい違いの大きさを χ^2 の数表から拾ってみると,7.81という値が得られます.したがって,現実の得点のくい違いは,偶然のいたずらによっては5%より小さな確率でしか起こらないのです.だから,4人の得点の差は有意であり,表2.5のような順位を信じ

ていい，と判定されます．

　「順位を決める」という単純な作業の解説に35ページも費して，すみませんでした．ほんとうは，まだ書き足りないこともあるのですが，いつまでもこのレベルにとどまっているわけにもいきません．書き漏らしたことについては，折をみて追記することにして，先を急ごうと思います．

3. ものさしで測る

人間の能力も正規分布すると信じる

 天は人の上に人を造らず，人の下に人を造らず，とはいうものの，天か神様か知らないけれど，ずいぶんいろいろな人をつくってくれたものです．大きいのや小さいのや，器用なのや不器用なのや，それに顔つき，声，知能，性格など，まさに十人十色どころか億人億色です．その結果，地球上に住む70億人以上の人たちの個体が識別でき，ひとさまの女房と自分の女房をとりちがえたりしなくてすむのは幸いなのですが，一面，短身短足で容姿に優れず，よろずに不器用な私としては，神様の不公平をなじりたくもなります．

 なぜ，人はかくも千差万別なのでしょうか．神様が個体識別の便利のため，意図的にひとりひとりの仕様に変化をつけたのでしょうか．それとも共通の仕様にもとづいて人々をつくったのに，製造過程でのさまざまな製作誤差が複雑に加算された結果として，億人億様の人々が誕生してしまったのでしょうか．

ほんとうのところは知るすべもないのですが，とりあえず人間のさまざまな属性のばらつきが，神様の製作誤差によって生じたものとしましょう．そうすると，人間のいろいろな属性，たとえば身長とか知能とか音感などなどは，正規分布をすると考えられます．製作誤差とか測定誤差などの誤差が正規分布をすることは昔からよく知られていて，正規分布を表わす関数を**誤差関数**と呼ぶこともあるくらいだからです．

なぜ誤差が正規分布をするかについては，つぎのようなモデルがうまく説明してくれます．図3.1の左側の絵(a)を見てください．いちばん上の口から投入された球は，まず第1の分離板によって右か左へ振り分けられます．これは，誤差を発生させる第1の原因によって誤差がプラス側かマイナス側に生ずることを表わしています．誤差は偶然のいたずらによって生ずるのですから，第1の原因による誤差がプラスになるかマイナスになるかは，まったく五分五分です．図では，球が分離板の右側へ落ちたときにはプラス側の誤差が，左側へ落ちたときにはマイナス側の誤差が生じたとでも考えておきましょう．

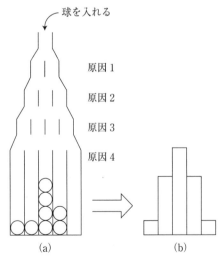

図3.1 誤差発生のからくり

第1の原因によって左右に振り分けられた球は，どちらに転んだ場合でも，第2の原因を表わす分離板によって再度，左右に振り分けられるのですが，こんどは第1の原因で右へいった球が第2の原因で左へ戻されると，誤差ゼロの状態に戻るところがミソです．さらに，球は原因3を示す分離板によって4つの区分に分割され，最後に原因4を表わす分離板によって5つの区画に分割され，区分ごとに底に溜る仕掛けになっています．

　いちばん上の口から投入された球が最終的には5区画に分割されるのですが，各区画ごとに球が転げこんでくる確率を計算してみると，

$$\left(\frac{1}{2}\right)^4 {}_4C_0 = \frac{1}{16}$$

$$\left(\frac{1}{2}\right)^4 {}_4C_1 = \frac{4}{16}$$

$$\left(\frac{1}{2}\right)^4 {}_4C_2 = \frac{6}{16}$$

$$\left(\frac{1}{2}\right)^4 {}_4C_3 = \frac{4}{16}$$

$$\left(\frac{1}{2}\right)^4 {}_4C_4 = \frac{1}{16}$$

となり，それを棒グラフに描いたのが図3.1の(b)です．この棒グラフが示している分布は，**二項分布***としてよく知られています．

　なお，ここで柱の太さが等しいこと，つまり横軸が等間隔に区分されていることに注目してください．なにしろ，ボールが誤差発生の原因に遭遇するたびに一定の幅だけ右か左へ振り動かされるので

すから，横軸は等間隔に区切られていないと理屈にあわないのです．

いまの例では，誤差を発生させる原因がたった4つでしたから，棒グラフの柱の数は5本しかありませんでした．けれども，現実の問題では，誤差を生み出す原因は，いくつあるか見当もつかないほど多いと思われます．たとえば，野球のボールをぴったり30m先の目標をめがけて投げる場面を頭に描いてください．太陽の方向やその明るさによって距離を見あやまる誤差，風の方向や強さについての計算ちがい，なん種類もの筋肉の伸縮にともなう誤差，呼吸や脈拍のタイミング，靴と地面とのスリップ，ボールの歪など，ボールの飛距離に影響しそうな要因をあげだしたら，きりがありません．

したがって，現実の誤差は，柱の数が無数に多くなった二項分布となるはずです．そしてそれは，ほとんど正規分布とみなすことができます．なぜかといえば，数学的には二項分布の柱の数が無限に大きくなった極限の姿が正規分布だからです．こう考えてくると，誤差が正規分布をすることが納得できそうではありませんか．

なお，原因によっては大きな誤差を生みそうなものと小さな誤差しか生みそうもないものとがあるのに，どの原因によっても同じ幅だけ左右へ振り分けられると仮定するのは少し乱暴ではないかといぶかしく思われる方がいるかもしれません．たしかにごもっともで

---

* Pの確率で起る事象が，n回の試行のうちちょうどr回だけ起る確率$P(r)$は

$$P(r) = {}_nC_r\, p^r(1-p)^{n-r}$$

であり，この式で表わされる分布を**二項分布**といいます．そして，$n \to \infty$とすると正規分布になります．詳しくは，拙著『確率のはなし【改訂版】』と『統計のはなし【改訂版】』などをどうぞ．

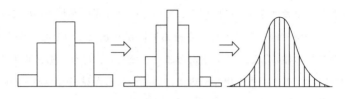

図 3.2　二項分布は正規分布のはは

す．けれども，大きい原因やら小さな原因やらが順不同に入り乱れているのですから，全体を強引に平均化してしまっても，大勢としては大きな過ちはないのです．

こういうわけですから，これから先，知能とか音感などさまざまな人間の属性ばかりでなく，自然発生的な誤差をともなっているたくさんの自然現象や社会現象についても，とくに断らずに正規分布するとみなすことを許していただきます．

なお，わかりきったことを書くようですが，たとえば人間の知能が正規分布するという場合，図 3.2 の右端のグラフにおいて，横軸が人の知能を，縦軸がそれぞれの知能をもつ人の割合を表わしています．そしてここが肝要なのですが，1 ページほど前に書いた理由によって，横軸は人間の知能を等間隔の尺度で表わしていることを想起してください．

一対比較法から間隔尺度へ

話は前へすすむのですが，例題としては第 1 章のものを再び使うことにします．

ごめんどうでも 59 ページの表 2.4 をもういちど見ていただきた

いのですが，一対比較法で4人の歌手を競わせたところ，A, B, C, Dの得点が

　　　8,　5,　1,　4

であったので，順位をA, B, D, Cと決めました．1点と4点の順序が逆になっていて見にくいので，これを順位どおりに書き直すと

　　　8,　5,　4,　1
　　　(A) (B) (D) (C)

なのですが，さて問題は，これらの値の間隔に意味があるのだろうかということです．つまり，AとBの得点差は3で，BとDの得点差は1だから，AとBの能力の差のほうがBとDの能力差より3倍も大きいといえるだろうか，同様にDとCの能力差はAとBの能力差とちょうど同じとみなしていいだろうか，ということです．端的にいうなら，8, 5, 4, 1という得点が**間隔尺度**で測られているだろうか，というのが問題です．

　表2.4の例は，A, B, C, Dの4人のリーグ戦なので，各人とも3人の相手と戦っていて，そのたびに大村，中村，小村の3人がそれぞれ勝手に軍配をあげていますから，各人とも9点までの可能性があったことになります．あるいは，各人が9戦ずつしているので，各人にとって起り得る結果は，0勝9敗，1勝8敗，……，9勝0敗の10区分であったといってもいいでしょう．そして結果は，Aは9戦して8勝1敗，Bは5勝4敗，Cは……となりました．

　いっぽう，人間の歌の実力が偶然によって10区分に分割されているとするなら，それは図3.1のようなからくりによって10本の柱をもつ二項分布になるはずです．そこで，67ページの脚注の式

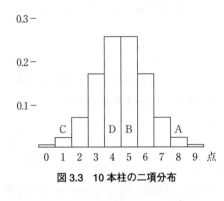

図3.3　10本柱の二項分布

を使って柱の高さを計算し，棒グラフに描いてみると図3.3のようになります．ここで，4点から5点の人が全体の約半数を占め，7点をとる人は7％，8点もとるのはわずかに1.8％，9点満点をとる人にいたっては0.2％にも足りないことにも興味がありますが，もっと肝要なのは，横軸の目盛が等間隔にならんでいることです．

いっぽう，Aは実際に8点をとっていますし，Bは5点，Dは4点，Cは1点です．4人の実力差を認める立場をとる以上，Aの実力は8点のところに，Bの実力は5点のところに，Dは4点に，Cは1点に位置すると認めなければなりません．そしてその位置は，はからずも人間の実力を二項分布で表現したときの横軸の8点，5点，4点，1点に相当します．したがって，4人の実力

　　8，　5，　4，　1
　　(A)　(B)　(D)　(C)

という相対的な位置関係にあると判定されます．すなわち，この得点は間隔尺度として正しく，AとBの実力差はBとDの実力差の3倍もあるし，AとBの実力差とDとCの実力差は等しいと判断して差し支えありません．* 一対比較法は，単に順位を決めるためにのみ役立つのではなく，うまいぐあいに間隔尺度によっても数量化されてしまうところに，隠れた特徴があります．

ただし，これらの得点は比率尺度としては正しくありません．まして，絶対尺度としては意味をもちません．なぜかというと，つぎのとおりです．

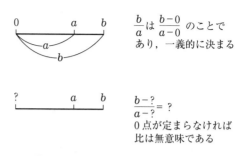

図3.4　ゼロ位置は比率尺度の必要条件

比率尺度や絶対尺度が構成されるには，ゼロが現象的な意味をもって明瞭に確定されていなければなりません．たとえば，ゼロ歳の知能をゼロとするとか，長さが消滅したときの長さがゼロというように，です．ゼロの位置が確定されていないようでは，図3.4を参照するまでもなく，比率尺度も絶対尺度もあったものではありません．

では，私たちの例題はどうでしょうか．いまA，B，C，Dのうちのだれかが0点だったと思ってください．そのだれかは，あとの3人と較べると見劣りがしたにちがいないのですが，その見劣りは少々でしょうか，ものすごくでしょうか．どちらの場合でも0点になってしまうではありませんか．つまり，あとの3人より確実に見劣りさえすれば，見劣り方が少々でも，ものすごくでも0点なのです．これでは，ゼロの位置がまったく不確定といわざるを得ません．だから，一対比較法で求めた点数は，比率尺度や絶対尺度としては無意味なのです．決して，DはCの4倍もじょうずだ，など

---

*　4人の得点は，まったく勝手に決まるのではなく，4人の合計点が18という拘束条件があるために，うるさくいうと，8，5，4，1は間隔尺度としては多少の誤差がありますが，気にするほどではありません．

と評してはいけません.

最後に,補足しておきたいことがあります.この節では,A,B,C,Dの4人が,歌手志望の集団からたまたま指名された4人であるとか,宴会の席上で偶然に選ばれた4人であるように,能力が正規分布をしている母集団から任意にとり出された標本であると仮定して話をすすめてきました.けれども,もしこの仮定が崩れて,たとえば4人が,ある水準以下の歌手を切り捨てるための予選を通過した人たちであったとしたら,こうはいきません.予選通過者の能力は,たとえば図3.5の薄ずみを塗った部分のように,正規分布とは似ても似つかぬ形をしているし,これでは,この節の論旨が成り立たないからです.こういう場合の順位と能力の関係については,のちほど触れるつもりでいますので,しばらくお待ちください.

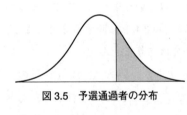

図3.5 予選通過者の分布

恨みの五段階評価

むかしむかし昭和ひと桁族が子供のころ,小学校でもらう通信簿には,科目ごとの成績が甲,乙,丙で示されていました.乙がきれいにならんだ通称「あひるの行列」がもっとも平均的な鼻たれ小僧に与えられる通信簿であり,いくつかの甲が混じれば上等の部類で,親父から甲の数だけ10銭玉を貰ったものでした.

いまは,学校の方針によってさまざまなようですが,1から5までの五段階評価によって児童の成績を評価し,父母に通知している

学校が一般的なようです．ただし，いまと異なり，同じ五段階評価でも，相対評価を採用していた2000年くらいまでは1から5までの区分には

　　　5　は　上位の約7%の児童に
　　　4　は　つぎの約24%の児童に
　　　3　は　つぎの約38%の児童に
　　　2　は　つぎの約24%の児童に
　　　1　は　下位の約7%の児童に

与えるよう制限されていました．さて，これらのパーセントにはどのような意味があるのでしょうか．そして，このパーセントを遵守すると，どのようなご利益があるのでしょうか．

　まず，人間の能力が正規分布をすると信ずべき理由があったことを思い出してください．つぎに図3.6を見てください．正規分布では，平均値をまたいで標準偏差σぶんの幅をとると，その中に全体の約38%が含まれます．* この38%の人たちを「並」と評価して3点を与えます．そして，それより成績のいいほうにσぶんの幅をとると，その中に全体の約24%の人たちが含まれますから，この人たちを「上」と評価して4点を贈ります．さらに，それより優

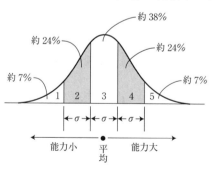

図3.6　五段階評価の原理

---

*　巻末に正規分布の数表をつけてありますから，それをご参照ください．

れた約7%の人たちは「特上」とみなして，5点を贈呈しましょう．同じように「並」より劣るほうのσの幅に含まれる約24%の「下」の人たちには2点を，それより劣る「特下」の7%には1点を，謹んで進呈することにしましょう．

これが，だいぶ以前に採用されていた相対評価による五段階評価でのパーセント制限の意味です．意味はわかったが，そのご利益がわからないとおっしゃるのですか．ご利益は，横軸が，つまり人間の能力が等間隔に区切られていることです．いいかえれば，人間の能力を間隔尺度によって数量化していることです．これは，人間の能力が正規分布をすると仮定したとき，横軸は人間の能力を等間隔の尺度で表わしていたことと見事に一致いたします．

そのご利益は，全員を成績順に5等分して上位のグループからそれぞれ5，4，3，2，1を与える場合と比較してみると，いっそう明らかになります．図3.7を見てください．全体を20%ずつに5等分すると，平均値をまたいだ約0.5σの生徒に「並」を意味する3点が，それより上の約0.6σの生徒に4点が与えられ，それ以上は広い幅にわたって5点均一になってしまいます．そうすると，5点の中には非常にできの良い生徒と，並と大差のない生徒とが混在してしまいますし，同時にたいした差のない生徒たちが4点，3点，2点にむりやり区分されてしまうことになり，とても合理的な数量化とは思えません．

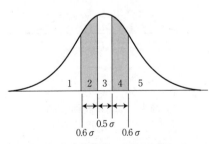

図3.7　20%ずつに区分すると

なお，五段階評価が間

隔尺度であることの具体的なご利益は，数ページあとで実感していただくチャンスがありますし，またつぎの章でもご利益をありがたく頂戴する予定ですから，楽しみにお待ちください．

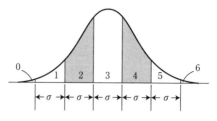

図3.8 間隔尺度としてはこのほうがいい

話をパーセント制限つきの五段階評価に戻します．この評価法は，人間の能力を 1σ の単位で区分をしているところが特徴なのですが，それならいっそのこと，もっと徹底して図 3.8 のように 5 点も 1σ の幅で区切り，それより優秀な，つまり平均値プラス 2.5σ 以上の領域を設け，そこに属する約 1% の生徒には 6 点を進呈し，同様に，平均値マイナス 2.5σ 以下は 0 点とするほうがいいように思えます．たしかに，数量化の技法という観点からだけみれば，そのとおりです．その証拠に，知能の程度を表 3.1 のように区分することがありますが，これは，明らかに五段階評価の上と下に 6 点と 0 点を追加した七段階評価に相当します．

けれども，教育効果という点からみたら，どうでしょうか．6 点

表 3.1 知能の 7 段階（ビネー式）

区　　分	知能指数	割　合　%
最上（最優）	141 〜	0.6
上　（優）	125 〜 140	6.1
中の上	109 〜 124	24.2
中	93 〜 108	38.2
中の下	77 〜 92	24.2
下　（劣）	61 〜 76	6.1
最下（最劣）	〜 60	0.6

を与えられる生徒は1%以下に限定されますから，百数十名に1人の割合です．ですから，6点を与えられた生徒は名誉このうえありません．うちょうてんになって，天狗になりはしないかと心配です．

そしてもっと困るのは，百数十名に1人の割で0点をつけられる生徒の心境です．2や1をつけられた生徒でさえ，「並の下」と「波の下」をもじって潜水艦とさげすまれ，それが向学心に悪影響を与えはしないかと懸念されるというのに，0点などをつけられたのでは，勉学の意欲などサヨナラに決まっています．こういうわけで，学校では，6だの0だのは使わないのでしょう．

10行ほど前に，6点と0点を追加した七段階評価のほうが，数量化の技法としては五段階評価より優れていると書きました．五段階評価では6点に相当する部分が5点の中に，また0点に相当する部分が1点の中に混入していましたが，それを分離することによって，より正しい間隔尺度に改善したのが七段階評価だからです．そして，0点から6点までの7段階は等間隔に区分されていますから，5点と3点の学力差は，4点と2点の学力差に等しいとか，2点から6点への飛躍は2点から4点への向上の2倍に相当するとか，たし算やひき算ができるのも楽しいところです．もちろん，絶対尺度ではありませんから，5点は2点の2.5倍もの学力があるのだといってはいけませんが……．

ところで，それなら6点や0点も1σの幅で区切り，6点の上には7点を，0点の下には－1点を配置すれば，もっと優れた尺度になるにちがいないと思われた方はいませんか．理屈としては，まさにそのとおりです．けれども，現実の問題としてはどうでしょうか．

6点を1σの幅に区切ると，それよりさらに右へはみ出す領域は

約0.02%にすぎません．つまり，1万人に2人の確率です．こんな少数のエリートのために，わざわざ7点という点数を準備しておく必要があるでしょうか．だいいち，人間の能力が正規分布をするという仮定も，おおざっぱにみれば信用ができそうですが，このような隅々のパーセントまで正確に正規分布するとは信じられないではありませんか．したがって，人間の能力が正規分布をするという仮定のもとに能力を数量化するときには，平均値±3σより外部の範囲にこだわる必要はないでしょう．

「あいつは3シグマからはみ出している」というのは絶世の変わり者を評する言葉ですから，そのような変人は相手にしないほうが無難です．

五段階評価を使いこなす

奈良時代は，律令が完成し官僚社会が形成された時代で，1万人もの役人を擁していたといわれます．そして，1万人もの役人には人事考課が行なわれ，下級役人は上，中，下の3段階に，また上級の役人は上の上，上の中，……，下の中，下の下という9段階に査定され，その成績と年功によって昇任が決められていたそうです．下級役人より上級役人のほうが，きめ細かく査定しているところなど，なかなかなものですが，さてどのようにして上級役人を9段階に査定したのでしょうか．

パーセントの制限がまったくなく，すべてが評定者の裁量に委ねられていると，評定者の甘さ辛さによって不公平が生じますから，パーセントになんらかの歯止めがあったと思われますが，正規分布

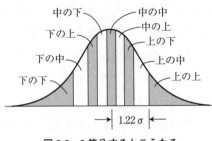

図 3.9　9 等分するとこうなる

などの概念が発生するより千年以上も昔のことなので、ここまでご説明してきた五段階評価のパーセントのように気のきいた配慮など、あるはずがありません．「上の上」から「下の下」までの 9 区分に、同人数ずつ割り当てるくらいが関の山でしょう．

　もし、9 段階に同人数だけ配分されていたとすると、図 3.9 にみるように、ひとくちに「上の上」と評価された役人でも能力にはずいぶんの幅があるし、また中ぐらいのところでは不必要に細かく区分している気配もあり、せっかく 9 段階に区分しただけの効果は乏しいように思えます．けれども、なにはともあれ千数百年も昔に、役人の能力を数量化して人事管理を行なっていた科学性は見あげたものではありませんか．

　千数百年前の奈良時代においてさえ、このとおりです．すでに統計学の基礎的な知識を身につけ、正規分布の数表などいつでも入手できる環境に恵まれた現代の私たちとしては、それを積極的に利用しない手はありません．その第一歩としては、気軽に五段階評価を応用することをおすすめします．たとえば……．

　クラスメート 40 人の全員を対象に、あなたに対する誠実さを、あなたの主観で数量化してみましょうか．これから、リスクのある仕事をいっしょにする仲間、たとえばザイルで身体どうしを結んで山に登る仲間とか、スキューバダイビングでバディを組むパート

3. ものさしで測る

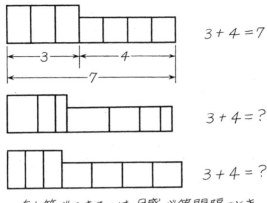

たし算ができるのは *目盛が等間隔のとき*

ナーとか，ひどく危険で困難な仕事を共同経営する相手として，だれがいちばん安全で，最後まで自分を裏切らないかと，いろいろな場面を想定して考えてみてください．そして，まず3人を選んでください．3人は全体の7%に相当しますから，この3人には5点をあげましょう．

つぎに，それにつづいて信用できる友人を9人か10人選び，この人たちには4点をつけます．さらに，絶対に組みたくない3人には1点，なるべく遠慮ねがいたい9人か10人には2点を，残りの15人くらいには3点をつけると作業は終了です．これで間隔尺度にもとづいて誠実さを数量化できたのですから，ことは簡単です．

この場合，自分には人を見る目がないから，このような数量化には自信をもてないというなら，クラスメートのなん人かに評価する側に回ってもらえばいいでしょう．評価員は，それぞれ自分を除くクラスメート全員を前記の要領で1から5までの区分で採点します．

そして、クラスメートのひとりひとりについて、各評価員の採点を合計してください。評価員に回った人たちは、自らのぶんの採点が不足しますから、ほかの評価員が与えてくれた点数の平均値を加算すればいいでしょう。これで作業終了です。クラスメートの各人が得た合計点は、このままで間隔尺度として正しいとみなすことができます。

なぜかというと、ここが肝腎なところですが、すべての評価員が等しい尺度の等間隔目盛でクラスメートを採点しているので、その合計点も等間隔目盛の上にならんでいるからです。ここに五段階評価が間隔尺度であることのご利益が、さっそく現われました。もし、各評価員の尺度が異なっていれば、すなわち評価の目盛が等間隔ではなく対数目盛みたいであったり、各評価員の採点が等間隔目盛であっても、評価員によって目盛の幅が異なったりしているなら、クラスメートの各人が得た合計点は、1万円に10ドルを加えた値と、1万円に100年後の10ユーロをたした値とを比較するように、しっちゃかめっちゃかで、どちらが上位なのかにわかには判断がつきません。

評価の対象が数十人以上もいるなら、いまの例のように、その数十人の属性がほぼ正規分布をしているにちがいないと信じて、五段階評価や、場合によっては0点と6点を追加した七段階評価などによって間隔尺度に基づく数量化ができますが、対象が数人しかいないときには、どうすればいいでしょうか。たった数人では7％も24％もあったものではありません。

こういうときには、

   きわめて満足   なら   5点

おおむね満足	なら	4点
どちらでもない	なら	3点
やや不満	なら	2点
きわめて不満	なら	1点

をつけてください．なるべく背景になる大きな母集団を想定して，同年代の同性を思い浮かべるとか，対象者の同期生全員を念頭に描くとかして，その7%にはいるなと感じたら5点を，つぎの24%ならだいじょうぶと思ったら4点を与えるように気をつけながら……．

ずいぶん，いい加減な数量化だと不満を漏らされた方に申しあげます．それなら，もっといい知恵があるでしょうか？ もし，いい知恵がないのなら，腕をこまぬいて無為に時をすごすよりは，多少は不満でも，一歩でも二歩でもすすまなければならない場合もあるように私は思うのです．

新作・七段階評価

ずいぶんと7%，24%，……の五段階評価にこだわってしまいました．そもそも，7%とか24%が生まれた理由は，正規分布の平均値をまたいで1σの幅を切りとって，それを「並」とみなし，その左右に1σずつの区間を設けたことにあります．そのおかげで，「どちらでもない」という，なんとなく安定した中心ができると同時に，7%，24%というような使いやすいパーセンテージに恵まれたので，この五段階評価が世間に流布するようになったのです．

しかし，考えてみれば，必ずしも平均値をまたいだ中央に区間が

存在しなければならないと決まったわけでもないし、まして1にしろ、σにしろ、人間が勝手に決めた約束ごとにすぎませんから、1σずつの幅で区切らなければ神の摂理に反するわけでもありません。もっと自由奔放であっていいはずです。

というわけで、自由奔放に七段階評価をつくってみました。

6点　　約3%　　死ぬほど満足
5点　　約10%　　大いに満足
4点　　約22%　　おおむね満足
3点　　約30%　　どちらでもない
2点　　約22%　　やや不満
1点　　約10%　　大いに不満
0点　　約3%　　死んでしまう！

いかがでしょうか。五段階評価では少々もの足りないし、とくに5点と1点の幅が大きいのが気にくわないという方に、ぴったりではありませんか。図3.10を見ていただけばわかるように、6点と0点の領域についていえば、幅がそれほど大きくなく、つまり能力差の大きい人たちが混在してしまう恐れがなく、そのわりに面積もひどく狭くない、つまり3%という現実的な利用価値を残している……、ちょっと自画自讃にすぎるでしょうか。

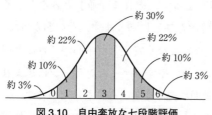

図3.10　自由奔放な七段階評価

それにしても、やはり中央には「どちらでもない」領域があるほうが、判断がくだしやすいように思えて、奇数の段階を採用してしまったのが、

自由奔放な姿勢に水をさすようで癪の種ですが,不必要につっぱらないことにしましょう.

なお,この七段階評価の区切りの幅は,数量化の技術とすれば,どうでもいいことなのですが,正規分布の数表を調べればただちにわかることなので,すなおに申しあげてしまうと,0.76 σです.

ところで,ちと気になることがあります.知能の区分は,75ページの表3.1のように,知能指数を1σの幅で等間隔に区切り,最上とか上とかに分類しているので,なるほど合理的な数量化が採用されていると意を強くしていたら,別の文献には表3.2のような区分が紹介されていました.

人間の知能が正規分布するとの仮定を信ずるなら,2,7,16,50%,……という割合は,等間隔の区切りではありません.また,このパーセンテージが等間隔の区切りを表わしているなら,知能は正規分布をしていないことになります.人間の知能は正規分布をしていないし,また必ずしも等間隔に区切る必要はなく,この表のほうが実情にあった分類法なのかもしれませんが,そして私は人間の知能指数についてほとんどなにも知らないのですが,少々のことならがまんして正規分布の等間隔区分に従ってくれてもよさそうに,

表3.2 知能の7段階(ウェクスラー式)

区　分	知能指数	割　合　%
非常に優れている	130 〜	2.2
優れている	120 〜 129	6.7
平均の上	110 〜 119	16.1
平均	90 〜 109	50
平均の下	81 〜 89	16.1
境界線	70 〜 80	6.7
知的障害	〜 69	2.2

と気になってしかたがないのです.

偏差値は無限段階評価

　偏差値が社会悪のいっぽうの旗頭として非難を浴びるようになったのは，いつごろからでしょうか．実は，偏差値は，古くから教育学者の間で，生徒の学力を合理的に数量化するための指標として研究されてきた **T-スコア**の別名にしかすぎません．T-スコア，つまり**偏差値**の性質については，これからとくとご紹介するのですが，ある生徒の学力が全生徒と較べてどの程度であるかを評価する指標としての偏差値は，試験のなまの点数や全生徒中の順位などに比して，客観性や普遍性に優れたなかなかの傑作です．それにもかかわらず，学歴優先の風潮や金儲け至上主義の受験産業に毒されて，青少年の人間性を破壊する元兇のようにののしられているのは，偏差値にとってあまりにも気の毒ではありませんか．そこで，まず偏差値の正体をきちんと見定めようと思います．

　生徒の学力をたしかめるには，なにはともあれテストをしなければなりません．別にペーパーテストに限定する必要はなく，面接でもいいし，授業中の受け答えを採点してもいいのですが，イメージが湧きやすいように，100点満点のペーパーテストをしたと思っていただきます．そして，ある生徒の得点が80点であったと仮定しましょう．さて，その生徒の学力についてこの得点は，なにを物語っているでしょうか．

　80点ならまあまあの学力，と油断してはいけません．問題がひどくやさしかったために，クラスの全員が80点以上であり，この

生徒はクラスのどんけつだったのかもしれません．そのかわり，問題がむずかしく，この80点がクラス最高のできばえであった可能性も残されています．だから，この点数だけでは，この生徒の学力が同級生と較べてどの程度なのか見当がつきません．

また，かりに前回のテストの結果が60点であったとしても，今回の成績が80点だからといって，成績が目に見えて向上したと喜ぶのは早計にすぎます．前回に較べて今回の試験問題がやさしかっただけかも，しれないからです．

それなら，試験の得点ではなく，クラス中の順位で学力を表わせばよさそうに思えます．けれども，ただ42番とか456番とか呼称するだけでは，50人中の42番と1万人中の42番とでは月とスッポンですから，いちいちなん人中なん番と呼称しなければなりません．さらに，前回のテストでは592人中の175番で，今回は478人中の158番などといわれた日には，割算をしてみないと上昇したのか下落したのか見当がつかないではありませんか．

それなら，いっそのこと100人中の順位に換算をして呼称することにしたら，どうでしょうか．そうすれば，前回は同級生100人中で52番だったのに，今回は100人中42番だったら，10番も順位が上がったのだから，すなわち10％ものクラスメートをごぼう抜きしたのだから，その努力は大いに賞めていい……，というぐあいに正当な評価ができそうです．

けれども，順位が10番も上がったからといって，90番から80番への上昇と，52番から42番へと，14番から4番へとでは，決定的に価値が異なりますから，順位が学力を表わす指標として最適とはいえません．詳しくはあとで述べますが，50番付近はどんぐり

の背くらべで，同じような得点の生徒がめじろ押しにならんでいますから，出題の山がうまく当たったりしてわずかに得点がふえただけでも，10人ぐらいは簡単に抜いてしまえます．これに対して，クラスのどんじりのほうやトップのほうでは，比較的，順位が安定しているのがふつうで，10人も抜いたり抜かれたりするのは目をむくほどのできごとなのです．

　ごちゃごちゃと，文句ばかりつけてきました．文句ばかりで建設的な代案を示さないと，どこぞの野党のようになってしまうので，試験のなま得点や成績の順位などよりもっと優れた学力の表わし方について，代案をお示ししようと思います．それが，偏差値です．

　偏差値は，イメージとしては前節までにご紹介してきた五段階評価や七段階評価の段階数をどんどん大きくして，ついに無限段階評価になってしまったものと思えばいいでしょう．具体的にいうなら，生徒全体の得点を平均点が50点，標準偏差が10点の正規分布になるように換算し，ある生徒の得点がその分布の中でどこに位置するかを示したものが偏差値です．

　たとえば，生徒全員の平均点が58点で標準偏差が12点の場合に，ある生徒が76点をとったとしましょうか．この得点は，平均点を

$$76 - 58 = 18 \text{ 点}$$

も上回っていて，18点は標準偏差12点の1.5倍に相当しますから，この生徒の得点は平均点を標準偏差の1.5倍も上回っていることを意味します．したがって，この生徒のなま点数76点を偏差値に換算するなら，平均点の50点を，標準偏差10点の1.5倍も上回った値，すなわち65点というかんじょうになります．

　一般的に偏差値の求め方を式に書くなら，

$$\text{偏差値} = 50 + \frac{\text{ある生徒の得点} - \text{全生徒の平均点}}{\text{全生徒の標準偏差}} \times 10 \quad (3.1)$$

ということです.この式の意味を,図 3.11 でたしかめておいてください.

偏差値はこのような値ですから,試験問題のむずかしさや受験生の数がかわっても,それらとは無関係に,ある生徒の実力が他の生徒との相対的な点数として表わされます.試験問題がむずかしくなれば,ある生徒の得点は低くなるでしょうが,全生徒の平均点も低いほうに移動しますから,ある生徒の得点と平均点との相対位置はかわりません.また,出題された問題の性質によって全生徒の得点のばらつきがかわるかもしれませんが,ばらつき全体を縮小または拡大して標準偏差 10 の分布に統一してしまいますから,この影響も排除されます.さらに,偏差値を算出する過程は受験生の人数の多少に無関係ですから,受験生の数の変動を気にかける必要もありません.

まさに,いいことずくめです.前回のテストでは偏差値が 62 点だったのに,今回は 68 点になったのであれば,学力は他の生徒との相対関係において「向上」したとすなおに喜べばいいし,希望する大学に合格するには 65 点の偏差値が必

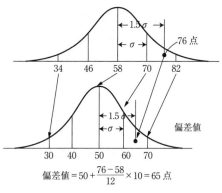

図 3.11 偏差値のしくみ

要といわれているのに，いつも安定して60点くらいの偏差値しかとれないようなら，その大学はあきらめて，56〜58点くらいで合格しそうな大学に転向したほうが無難というものでしょう．

　もっとも，いいことずくめに難癖をつけるようですが，偏差値を手掛りにして成績の順位を知るためには，正規分布の数表を使わなければなりません．たとえば，偏差値が65点なら平均値プラス1.5σより大きい範囲の割合を数表から読みとり，「上位から6.7％くらいのところにいる」と合点していただくのです．まあ，偏差値の長所からみて，このくらいの短所はがまんしなければならないでしょう．

偏差値は絶対ではない

　前節では，やたらと偏差値の弁護に努めましたし，弁護に値するだけの長所が偏差値にあることも事実です．ただし……と，ここで「ただし書き」がつくのです．なま点数から偏差値への換算は，全生徒のなま点数がほぼ正規分布をするとの前提のうえに成り立っています．なま点数の分布が少しくらい正規分布から変形しても，あまり影響がないことも偏差値の特徴の1つではあるのですが，それにしても極端に偏った分布は困ります．

　たとえば，極端に問題がやさしいと，注意力が散漫な生徒や，知能程度が下や最下の生徒を除いて，ほとんどの生徒が満点をとってしまうので図3.12(a)のような分布になるし，反対に問題がむずかしすぎると同図の(b)のような分布になります．このようなときに求めた偏差値を，全生徒の点数がほぼ正規分布する場合の偏差値と

同等に考えると,無視できない程度の誤差が生じます.その証拠に,たとえば

   平均値±標準偏差

の範囲に含まれる生徒の割合は,図 3.13 の正規分布のときには約 68% ですが,図 3.12 に近い形をした指数分布では約 86%,一様分布では約 58% となり,かなりの差があります.

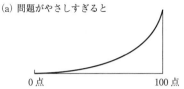
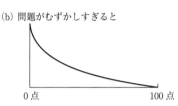

図 3.12 こういう分布は偏差値にむかない

幸いなことに,出題のしかたが当を得ていれば,受験者全員の得点はほぼ正規分布になります.2013 年度の大学入試センター試験には 54 万人が受検しましたが,たとえば,国語,日本史 B,現代社会,数学 I・数学 A,数学 II・数学 B の 5 科目の得点は,平均が 330.46 点(600 点満点),標準偏差が 111.07 点と,かなりきれいな正規分布をしていました.また,2015 年度の大学入試センター試験には

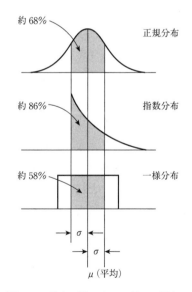

図 3.13 分布の形によってだいぶ異なる

53万人が受験していて，この5科目の平均は340.8点，標準偏差が109.47点と，2年前と似たような結果でしたが，このときも得点がきれいな正規分布をしているのが印象的でした．ですから，この「ただし」はあまり実害がなさそうです．

もうひとつの「ただし」は，偏差値の本質にかかわっています．偏差値はすでになん度も書いたように，いっしょに受験した仲間との比較で決まる値です．したがって，三流校の校内だけで行なった試験の結果，高い偏差値を得たとしても，それが一流校も含めた世間で通用するかというと，そうはいきません．反対に，一流校での試験で偏差値が低かったとしても，広い世間に出れば見すてたものではないでしょう．

そこで，受験産業が行なう業者テストが横行することになります．なにしろ，大学や私立高校は特定の高校や中学からだけ受験生を求めるのではなく，広い範囲から受験生を募集しますから，合格のめやすを得るためには学校内で独自のテストをした結果だけでは不十分です．やむを得ず，都，道，府，県単位の規模で多くの学校にまたがってテストを行ない，受験競争のライバルのほぼ全員と比較して偏差値を教えてくれる業者テストに頼ることになるのです．

こうして得られた偏差値は，受験競争のライバルと比較して得たものですから，受験競争の勝ち負けをうらなう目的のために学力を数量化した値としては，その右に出るものはないでしょう．けれども，それは人間の子弟が社会の一員として生きるために必要な学力とはまったく結びついていないし，それに，勉学に努めてせっかく学力が上がっても，ライバルたちの学力も上がってしまえば偏差値はかわりませんから，勉学の成果が確認できないという欠点もあり

ます.つまり,偏差値は五段階評価などと同じく,相対的な間隔尺度であり,絶対尺度ではありません.

この本は数量化の技術をご紹介するのが目的ですから,受験地獄とか,点取り主義とか,偏差値にまつわる社会悪にまで言及するつもりは毛頭ありませんが,偏差値が絶対尺度ではないことは,強調しておきたいと思います.

平均値,標準偏差はご随意に

偏差値は,平均点が50点,標準偏差が10点の正規分布を使って数量化した値でした.前にも書いたように,平均値±3σの範囲からのはみ出し者は0.2%にも満たないくらいですから,ほとんどの人たちの偏差値が20〜80点の範囲に納まり,100点を超えたり0点を割ったりする人たちは皆無に近いので,100点満点の得点になれた私たちにとって,なじみやすいでしょう.

けれども,100点とか10点とかが区切りがいいというのは,しょせん人間が勝手に決めた約束ごとにすぎませんから,平均50点,標準偏差10点にこだわる必要はありません.用途に応じて,自由な数値を選んでいただいて結構です.

たとえば,です.ふつうの正規分布の数表は,平均値が0,標準偏差が1としてつくられています.そこで,この数表がそのまま使用できるように数量化するのも名案のひとつでしょう.このように数量化された値は,**標準得点**または**Z-スコア**と呼ばれています.

図3.14を見てください.正規分布の中央,つまり平均値を境にして正規分布を1σの幅で区切っています.その下に偏差値(T-ス

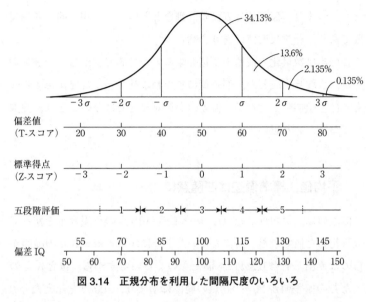

図 3.14 正規分布を利用した間隔尺度のいろいろ

コア)の目盛を刻んでみました．もちろん，T-スコアは正規分布の中央が50点であり，1σごとに10点ずつの増減があります．T-スコアの目盛の下には，Z-スコアの目盛がならべられています．こんどは，正規分布の中央が0点で，1σごとに1点ずつ増減することになります．したがって，T-スコアとZ-スコアの間には

$$T = 50 + 10Z \tag{3.2}$$

という関係があることは明らかです．

また，テストのなま点数をZ-スコアに換算するのは，とても簡単です．

$$Z\text{-スコア} = \frac{ある生徒の得点 - 全生徒の平均点}{全生徒の標準偏差} \tag{3.3}$$

これを，偏差値を求めるための式，87ページの式(3.1)と比較し

ていただければ，T-スコアとZ-スコアの関係がいっそう明瞭になるでしょう．

図3.14では，T-スコアとZ-スコアの目盛の下に，五段階評価の範囲を示しています．さらに，点線の位置で区切れば七段階評価となり，75ページの表3.1の「知能の7段階」などにも対応できます．

知能という言葉に再会したついでに，知能指数IQとT-スコアの関係について調べてみましょうか．IQは，もとはといえば，31ページで紹介したように，精神年齢と実際の年齢との比に100をかけて算出した値なのですが，このままでは頭脳が成熟したあとには適用できないのが癪の種でした．そこで，癪の種を解消するために，同一年齢層の全体を比較の対象にして，ちょうど偏差値と同じような性格の値を使うことにします．すなわち，同一年齢層の知能の平均が100*，標準偏差が15の正規分布をするとみなして，ある個人の知能をその分布の中における位置によって数量化しようというわけです．この値は**偏差IQ**と呼ばれますが，単にIQといえば偏差IQを指します．

なぜ平均を100にするかというと，きっともともとのIQでは平均が100だったからでしょう．そして，なぜ標準偏差を15にするのかというと，もとのIQでは標準偏差が16くらいといわれていますが，16ではちょっと半端で，とり扱いが不便なので15にしたのだろうと思います．この偏差IQを図3.14の最下段に目盛っておきました．これを参考に，偏差IQとT-スコアとの換算式をつくっ

---

* 知能指数は民族によってかなりの差があり，日本人は世界第3位で105だそうです．ここで平均を100としたのは，調査対象——それが日本人であれ，人類であれ——全員の平均を100とするという意味です．

てみていただけませんか．それは，きっと

$$T = 50 + \frac{10}{15}(IQ - 100) \tag{3.4}$$

となることでしょう．このような知能に関するT-スコア，すなわち知能の偏差値は知能偏差値と呼ばれています．*

以上のとおり，人間の能力などが正規分布すると信じて間隔尺度で数量化するとき，平均値と標準偏差をどのように選んでも差し支えありません．目的にもっともよく合致するように選べばいいでしょう．アメリカのよく知られた学力検査の中には，平均を200，標準偏差を40とした偏差値を使っているものもある，と聞いたことがあります．ひとつ，目的に応じて存分に利用していただきたいものです．

酒飲みの間隔尺度をつくる

人間の能力ばかりではなく，正規分布をすると信じられる世上のさまざまなことがらを間隔尺度で数量化する方法について，長らくおつきあいをいただいてまいりました．けれども，世上でのさまざまなことがらの中には，正規分布をするかどうか，まるで見当もつかないものも少なくありません．そのようなときに間隔尺度をつくりたくても，五段階評価や偏差値だけではお手あげです．ひとくふ

---

* 表3.1に示した知能の区分ではIQのσを16とし，図3.14の偏差IQではσを15としましたが，文献によって16と15の使いわけがまちまちです．数量化の技術を説明する例題として借用するだけですから，深くは追求しないことにしました．

3. ものさしで測る

うも，ふたくふうも，しなければなりません．この節では，そのひとくふうをご紹介しましょう．

きわどい好奇心にこびるようで気がとがめるのですが，日本人の飲酒に対する考え方を数量化するための間隔尺度をつくり，その尺度によって私やあなたの燗酒ではなく酒観を数値で表わしてみようと思います．

飲酒観は，各人の資質に負うところもある反面，各人の生活環境や体験にも強く影響されるでしょうから，製作誤差のように正規分布すると割り切るわけにはいきません．どのような分布をしているか見当もつかず，ここまで述べてきたような方法では間隔尺度はつくれないのです．こういうときには，つぎのような手立てをおすすめします．

［手続き1］ 机の上でも，大きな紙の上にでも結構ですから，等間隔に11本の目盛を刻み，いちばん左端の目盛には「禁欲的」，中央の目盛には「中立」，いちばん右端の目盛には「享楽的」と書いてください（図3.15）．目盛の数は，11本でなくてもいいのですが，11本ならうまいぐあいに0点から10点までの区分に対応するし，ちょうど中央の目盛も存在するのが好都合なので，ここでは11本を採用しました．

［手続き2］ 飲酒に関連がありそうないろいろな意見を片っぱしから書きあげてください．ひとつの意見を，トランプくらいの大きさのカード1枚に書くのです．意見は，

図3.15 はじめに目盛りありき

新聞や雑誌から拾ってもいいし，友人と**ブレーン・ストーミング***をしながら書き出すのも有効ですし，各人の思いつきが含まれていてもかまいません．多分，たくさんの意見が集まるでしょうが，少なくとも50くらいは集めたいものです．きっと

  「慶事や弔事，新年会や忘年会なら，飲んでいい」
  「いつでも，どこでも，どうぞご自由に」

というように直接的な意見や

  「各人各様の意見があっていい」
  「バカ騒ぎをしたり，イッキ飲みを強要したりするのは問題だ」

といった間接的なものまで，雑多な意見がカードに書き込まれるはずです．意識的に

  「飲酒が原因の事故や事件が後を絶たない．禁酒法を制定すべきだ」
  「朝から晩まで未成年だって．そのために社会秩序が破壊されてもかまわない」

という両極端の意見を書いたカードもあるほうが，整理がしやすいようです．ここでは，このようなカードが50枚集まったとしてみましょう．

 ［手続き3］　飲酒観の尺度づくりという風変わりな作業に協力してくれる人を集めます．この人たちを，パネリストと呼ぶことにし

---

* なん人かのグループの各人が，つぎつぎに連想を発展させながら，思いつくままにアイデアを発表していくことによって，創造的なアイデアの誕生を期待する集団的な思考法をブレーン・ストーミング（brainstorming）といいます．

ましょう．パネリストの人数は，なるべく多いほうがいいのですが，少なくとも30名以上は集めてください．ここでは，30名の協力が得られたとしてみましょう．パネリストは一堂に会してもらう必要はなく，各人が好きなときに好みの場所で作業してくれればいいのですが，なるべく日本人全体の縮図になるよう，たとえば表3.3のような構成になっている必要があります．

［手続き4］　パネリストの各人ごとに，50枚のカードをその内容にしたがって，0から10までの目盛に分けておいてもらいます．パネリストは各人の判断にしたがって，たとえば「いつでも，どこでも，どうぞご自由に」というカードはかなり享楽的と感じるので8の目盛におくとか，「各人各様の意見があっていい」はどちらにも偏っていないと思うので5の目盛にしておくというように，50枚のカードを11本の目盛の上に分類してゆくのです．この際，パネリストの各人は，自分の飲酒観がどうであるかは棚あげして，カードに書かれた意見が11本の目盛のどこに位置するかを判断しなければなりません．また，50枚のカードを11の目盛に均等に分ける必要がないことを，パネリストに告げておいたほうがいいで

表3.3　成人構成の縮図になるようにパネリストを集める

氏　名	性　別	年　齢	居住地	職　業
北島一郎	男	38	沖　縄	小売業
西川景子	女	21	京　都	学　生
東野陽子	女	45	東　京	主　婦
大村二郎	男	19	北海道	力　士
鈴木三郎	男	52	東　京	公務員
北沢奈央	女	36	長　野	主　婦
…… (以下，略) ……				

しょう.

［手続き5］　たとえば，「いつでも，どこでも，どうぞご自由に」という意見についても，30人のパネリストが目盛の値を与えているのですが，それがかりに，

　　　5　5　6　6　6　6　6　7　7　7　7　7　7　7　8
　　　8　8　8　8　8　8　8　9　9　9　9　9　9　10　10

であったとしましょう．このデータがどのくらいばらついているかを点検するために**四分偏差***を求めます．1です．30人のパネリストの判断は比較的よく一致しているように思えます．つぎに，「慶事や弔事，新年会や忘年会なら，飲んでいい」について四分偏差を求めたところ，こんどは3だったとしましょう．こんどは，パネリストたちの判断が大きく分かれているようです．「慶事や弔事，忘年会なら」に禁欲的な気配を感じるパネリストと，「飲んでいい」に享楽的な匂いをかぐパネリストに分かれるからかもしれません．このようにして，50の意見のそれぞれについて四分偏差を求めたところ，

　　　1,　3,　0.5,　1,　0.5,　0.5,　1,　1,　3.5,　1,　……

であったとします．たいていの意見は，0.5か1でパネリストたちの判断がよく一致しているのに，いくつかの意見については3と

---

*　四分偏差は，データのばらつきの大きさを表わす値のひとつで，データを大きさの順にならべ，4分の1のところにある値と4分の3のところにある値との差の2分の1で表わします．ここの例では，データの数が30個ですから，大きさの順にならべたとき，8番めにある値と23番めにある値との差

　　$(9 - 7) \div 2 = 1$

が四分偏差の値です．

か3.5のような異常に大きな四分偏差を示しています．このような意見を書いたカードは，破り捨ててください．人によって判断が大きく分かれるようでは，ものさしの資格がないからです．＊ こうして，2ɜの意見が破棄されて，使えるカードは25になったとしましょう．

なお，四分偏差ではなく，標準偏差でばらつきの大きさを点検すれば，もっと精緻な作業になりますから，手間ひまをいとわない方，パソコンの得意な方は，どうぞ……．

［手続き6］ 手もとに残った25の意見のそれぞれについて，30人のパネリストが与えた目盛の値を算術平均してください．「いつでも，どこでも，どうぞご自由に」という意見についていえば，前ページ中央に列記した30の値を平均して，7.6が得られます．これが，この意見の点数です．こうして，25の意見のそれぞれに点数がつけられて，それが

　　　0.6,　1.2,　2.0,　2.0,　2.1,　2.8,　3.6,　……

　　　……,　7.3,　7.9,　8.5,　8.5,　8.9,　9.2

となったとします．よく見ると，2.0のあたりに3つもの意見がひしめいています．そこで，いちばんわかりやすい意見のひとつを残して，あとの2つは捨てましょう．同じように，8.5のあたりも代表的な意見をひとつ残せばよさそうです．このように，なるべく点数が等間隔になるように配慮しながら意見を精選してゆきます．その結果，つぎのような13の意見が残ったとしましょう．

　＊　ここでは，他の意見に比して四分偏差が異常に大きな意見だけを破棄しましたが，四分偏差が異常に小さな意見があれば，それも除去するほうが無難です．

「飲酒が原因の事故や事件が後を絶たない．禁酒法を制定すべきだ」　0.6

「神事に使うのならOK．神様に禁酒しろとは言えない」　1.2

「慶事や弔事，乾杯が必要な場面だけは仕方がない」　2.0

「食事を美味しく食べるための一助になるならいいでしょう」　2.7

「飲んでも飲まれるな．ほどほどでやめられる人ならかまわない」　3.5

「バカ騒ぎをしたり，イッキ飲みを強要したりするのは問題だ」　4.0

「各人各様の意見があっていい」　4.8

「酒は百薬の長．ほどほどなら，血行もよくなり，健康を助けてくれる」　5.6

「コミュニケーションを円滑にするためのツールにもなる」　6.2

「しらふでは言えないことも言える．お酒によって結婚率も上がるだろう」　6.9

「いつでも，どこでも，許される範囲でどうぞご自由に」　7.6

「ストレスが発散でき，明日への活力になる」　8.3

「朝から晩までのべつ幕なしにどうぞ．社会秩序が破壊されたってかまわない」　9.0

これで，日本人の飲酒観についての間隔尺度はできあがりです．

もっとも，間隔尺度は感覚尺度と書き直したほうがいいくらいですが……．

［手続き7］　あなたの飲酒観を，この尺度によって測ってみましょう．前記の13の意見のうち，賛成するものに○印をつけてください．4つの意見に賛成で，その点数が

　　　4.0, 4.8, 6.2, 6.9

であったとします．これは平均すると約5.5です．これが，あなたの飲酒観です．おそらく，日本人の平均でしょうか．いや，どちらかといえば，少しばかり享楽的なほうかな．

では私めは，

　　　6.6, 5.8, 6.2

平均すると，6.2点です．これは，日本人の飲酒観について極端に禁欲的であれば0点，徹底して享楽的なときに10点とし，その間を感覚的に等間隔になるように刻んだ尺度で測った値ですから，そこそこの飲んべえと評価されそうです．

この方法は，すでに80年も昔から使われている応用範囲の広い方法です．会社に対する社員の忠誠心とか，政治についての国民の関心の強さなど，いろいろな場面に利用できそうではありませんか．

IQ は絶対尺度ではないか

この章も，大詰めに近づいてきましたが，これまでのところで，「へんだ！」と思われてもしかたのないところがあります．知能指数IQについて，前の章では

$$\mathrm{IQ} = \frac{\text{精神年齢}}{\text{実際の年齢}} \times 100 \qquad (2.1)\text{と同じ}$$

として,だから,IQ は比率尺度であると書いてあったのに,この章では 75 ページの表 3.1 や 92 ページの図 3.14 に見るように,明らかに IQ を間隔尺度として扱っています.けしからんと叱られそうなので,そのへんの事情について補足をしようと思います.

IQ は,もとはといえば,式(2.1)で定義されていることからも明瞭なように,比率尺度であることに異論はありません.ところが,その後たくさんのデータが集まるにつれて,人間の IQ は 100 を平均としてほぼ正規分布をするし,その標準偏差が 16 くらいであることがわかってきました.さらに,式(2.1)の定義では,知能の発達が減速しはじめる年齢までしか適用できないというので,ちょうどある生徒の学力を同学年の生徒たちと比較して偏差値で表わすように,同年代の知能が平均 100,標準偏差 15(あるいは 16)の正規分布をするとみなして,93 ページにご紹介したような偏差 IQ で知能を表わすようになると,少しばかり事情が変わってきました.標準偏差というものさしを基準にして IQ に等間隔の目盛を刻むことができ,したがって IQ を間隔尺度として扱うことが可能になったのです.

そもそも,相対的な差だけに意味があるとき,たとえば

$$\begin{cases} \text{さやかより,じゅりなは 1,000 万円高い} \\ \text{じゅりなより,りのは 2,000 万円高い} \end{cases}$$

というような尺度を間隔尺度といい,相対的な比にだけ意味があるとき,たとえば

りの　4.0,　　じゅりな　2.0,　　さやか　1.0

のようなとき，比率尺度で表わされているというのでした．そして，間隔尺度と比率尺度が同時に与えられていれば，

　　りの　4,000万円，　　じゅりな　2,000万円，

　　さやか　1,000万円

が判明しますから，絶対尺度が存在することになります．

　それなら……と，ますます深みにハマりそうです．IQはもともと比率尺度なのに，標準偏差がわかってしまえば間隔尺度にもなるというのですから，IQは絶対尺度とみなせる理屈ではありませんか．理屈はそのとおりです．同世代の人たちだけでつくる世界の中では，それは絶対尺度とみなせるだけの実力を備えています．けれども，それが同年代の人たちでつくる世界から一歩でも踏み出すと，もう絶対尺度どころか比率尺度や間隔尺度としても正しいとは限りません．それはちょうど，学力を表わす偏差値が，同じテストを受けた仲間でつくる世界の中でだけ通用する間隔尺度であるのと，よく似ています．ですから，IQのような値は，絶対尺度とみなさないのがふつうです．

　それなら……と，りのが4,000万円，じゅりなが2,000万円，さやかが1,000万円というのも，しょせん貨幣が通用する経済社会の中で他の物価と比較して決まる値であり，通貨のない土地や経済のしくみが異なる社会では通用しない尺度ですから，絶対尺度とはいえないのではないかと疑問が湧くのです．

　けれども，そこまで深刻に悩むのであれば，長さの尺度でさえも問題があります．よく知られているように，相対性理論によれば，速く動いている物体の中では長さが縮みます．身長170cmの人を縦方向に光の90％の速さで動かして外部から観察すると，身長が

わずか75cmくらいに縮んでしまうほどです．そして，地球は太陽の周りを30万km/secの速さで回っているばかりか，太陽系そのものが宇宙の中をもうれつなスピードで動いているらしいのですから，宇宙人から見れば，あなただって身長が1mにも満たないちんちくりんかもしれないのです．つまり，長さを測る尺度も，狭い地球から一歩そとに出れば，絶対尺度とはいえそうもありません．

けれども，これほど深刻に悩んでも，哲学的思考の訓練としてはともかく，現世での実益は少なそうです．そこで，数量化の技術という観点からは，長さ，重さ，速さなどのように物理的に測定できるものの目盛，金額や観客動員数などのようにきちんとかぞえられるものなどは，絶対尺度と信じて疑わないことにしましょう．

指数のいろいろ

この章では，間隔尺度にばかり重点をおきすぎていたようです．比率尺度にも，もう少しつきあわなければ浮世の義理がたちません．比率尺度の中で，もっとも典型的なものは，なんとか指数と呼ばれる値です．それは，個人とか時期とか場所などが異なる2つ以上の値を比較するために，基準となる値を100として表わした比率です．すでになんども遭遇した知能指数や物価指数，株価指数など，いくらでも思い当ります．いくつかの例をあげてみましょう．

偏差値は，前に書いたように，学力を評価するためには優れた特長のある値です．それにもかかわらず，偏差値に対する非難の声も相当なものです．その理由のひとつに，先天的に知能に恵まれない子供たちは，いっしょうけんめいに努力しても偏差値が低く，そ

の努力が評価されないではないか,というのがあります.そこで,IQ が低ければ低いなりに学習が成就しているかどうかを示す指数として**成就指数**(Accomplishment Quotient,略して AQ)が使われます.

$$AQ = \frac{学力偏差値}{知能偏差値} \times 100 \tag{3.5}$$

ある児童が人並の努力をしていれば,全員の中における知能の順位と学力の順位とが等しいはずで,そのとき AQ は 100 であり,これが基準の値です.そして,人並以上に努力をすれば,分母より分子が大きくなり,100 以上の AQ を得て,その努力が賞賛されます.反対に,たとえば 65 という高い学力偏差値を得ても,知能偏差値が 72 であれば,AQ は約 90 となり,せっかくの知能をもちながら人並の努力をしていないと,きびしく判定されるはめになります.

つぎは,私たちにとって生活のかかった**物価指数**です.表 3.4 を見てください.いちばん左の表(a)は,農産物の指数で,2010 年の価格を基準として,2014 年の価格を指数化したものです.まん中の表(b)は,全国消費者物価指数ですが,これも 2010 年の物価を基準にしています.いちばん右の表(c)は,2010 年の物価を基準とした主要都市の 2014 年における消費者物価指数です.いずれの表も,どこかの値を基準とした比率で数量化されていますから,指数が比率尺度であることは明瞭です.

指数が比率尺度と信じたのもつかの間…….現実には変な指数がたくさん横行しているからまいってしまうのです.たとえば,アメリカの経済学者のアーサー・オークンは,消費者物価の上昇率と失

表 3.4 物価指数のいろいろ

農作物	指数
米	98.8
麦	65.9
豆	117.9
いも	83.7
野菜	97.8
果実	93.3
工芸農作物	107.0
花き	95.2
鶏卵	119.0
生乳	108.8

(a) 農作物価指数

年	指数
2005	100.4
2006	100.6
2007	101
2008	102.1
2009	100.4
2010	99.9
2011	99.8
2012	99.5
2013	100.4
2014	103.4

(b) 全国消費者物価指数

都市	指数
東京	101.4
横浜	102.2
名古屋	102.6
京都	103.5
大阪	102.2
神戸	102.3
札幌	103.8
仙台	102.5
広島	102.2
福岡	101.9

(c) 都市別消費者物価指数

業率の絶対値を加えた値を「ミザリーインデックス」と名付けました．この値が10%未満なら上出来，10〜20%ならまあまあの状態，20%を超えるとミゼラブルな状態なのだそうです．そのため，日本語では悲惨指数または窮乏指数と呼ばれています．このパーセンテージは，いったいなんでしょうか．

物価の上昇率は，前年度の物価を100とした1年間の値上がりの比率ですから，たしかに比率尺度です．そして，失業率は全労働希望者を100として表わした失業者の比率ですから，これもたしかに比率尺度です．けれども，これらの両者を加えあわせた値は，比率尺度にはなっていません．国民生活の難儀の度合いをある程度はうまく数量化しているのかもしれませんが，そして悲惨指数という語感が妙に頭に残るかもしれませんが，比率尺度ではありませんから，指数と呼称するのはいかがなものかと思うのです．

もっと愉快なのは，ブリンクマン指数です．これは，

ブリンクマン指数＝1日に吸うたばこの本数×喫煙年数

で，たとえば 1 日 20 本ずつ 15 年間吸うと 300 になります．400 になると要注意と言われ，400〜600 の人の肺がん死亡率は，非喫煙者の 4.9 倍にもなるのだそうです．そして，1,200 以上になると，喉頭がんになる確率が極めて高くなるのだそうですから，スモーカーの程度を判定する目安としては便利かもしれません．

けれども，ちょっと注意すると，この指数はそれまでに吸ったたばこの本数を 365 でわった値であることに気がつきます．つまり，ブリンクマン指数は，365 本のたばこを単位とした絶対尺度にすぎないのです．そんなことなら，ふつうの絶対尺度をそのまま使い，吸いつくしたたばこの本数が 14 万本になると要注意，14 万本〜22 万本が肺がんの危険水域，22 万本を超えると喉頭がんを覚悟と判定すればいいではありませんか．たしかに 365 をかけあわせるのを省略して，1 日の喫煙本数と喫煙年数だけのかけ算ですむところは簡便ではありますが，それだけのためにひとつの指数を定義するのは，はしゃぎすぎのように思えます．

同じような珍妙な指数に

　　　ショウチュウ指数＝1 日に飲む焼酎の合数×飲んだ年数

というのがあり，たとえば 1 日 2 合の焼酎を 15 年にわたって飲みつづけるとショウチュウ指数は 30 となります．また，日本酒の場合には，それに 0.6 をかければいいと注釈がついています．そして，この指数が 30 になると肝臓障害の危険ラインにきているというのですが，この場合も 365 倍して，焼酎を 1,000 升くらい飲むと肝臓が危険……といえばすみそうです．だれもが承知している絶対尺度をすなおに使えばいいのに，それを 365 分の 1 に縮小したにすぎない絶対尺度にブリンクマン指数とかショウチュウ指数とか命名する

のは，いたずらに奇をてらっているとしか思えません．

このように，指数とよばれるものの中には比率尺度ではないものも少なくありません．もっとも，指数はもともと index（見出し，索引）のことであり，ratio（比）ではありませんから，ショウチュウ指数のように使われても文句をいう筋合いではないのですが，なるべくなら IQ とか物価指数のような比率尺度に統一するほうが良くはないでしょうか．

なお，表3.4 にご紹介した消費者物価指数は，米とか肉などの食料品，光熱，住居，被服などの物価を混ぜあわせて算出された値であり，このような指数を**総合指数**といいます．これに対して，米だけを対象にするとか，一品ごとにつくられる指数を**個別指数**といいます．

実をいうと，いくつかの値を混ぜあわせるところが大問題で，政府が発表する物価指数は庶民の感覚にあわない……という批判も，原因の一部はそこにありそうです．内閣府も，物価指数の計算法にくふうを凝すのですが，なかなか完全というわけにはいきません．逆にいえば，値の混ぜあわせ方ひとつで，数量化の結果は，どうにでもなるくらいです．その事情については，つぎの章で詳しくお話しする予定です．

ン番目の実力はどうか

この章は，いまにも終わりそうで，なかなか終りません．こんな調子では，与えられたページ数でこの本が書きあがるかどうか，たいへん心配になってきました．しかし，その尻ぬぐいは出版社にお

3. ものさしで測る

まかせすることにして,手を抜かずに書き進もうと思います.

85ページあたりに,中くらいの成績の付近はどんぐりの背くらべなので,わずかに得点がふえると序列がぐんと上昇するのに対して,ドンジリやトップのほうでは順位が安定しているので,序列をぐんと上昇させるのは容易ではないと書きました.そこで,得点と順位の関係について補足をして,この章を終りにいたします.

図3.16を見ていただきましょうか.出題のしかたが当を得ていれば,受験者全員の得点はほぼ正規分布をします.つまり,横軸に得点をとり,縦軸にその得点をとった受験者の割合をとってグラフを描くと,図のような正規分布が現われます.もし全員の得点が完全に正規分布をしているなら,上位から1%までの高い得点が,右すその1%の面積に含まれているはずです.右すそから1%の面積を切り出すのは,巻末の数表を見ていただけばわかるように,2.33σのところですから,そこに順位1%の目盛を刻んでいます.同様に,上位から2%は2.05σ,5%は1.64σ,……と目盛ってあるのですが,その関係を表3.5に示しておきました.

見てください.50%順位にいる生徒は得点が0.25σふえるだけで,たちまち40%順位へと10%も上昇してしまいます.けれども,2%順位にいる生徒は,得点が0.25σだけふえても1%順位にもなれません.そのかわり,尻から2%,つまり98%順位の生徒は,得点が0.25σだけ減っても,まだ尻から1%にはいらないところが救いです.こ

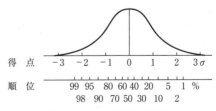

図3.16 得点と順位の関係

表 3.5 得点と順位

得点 σ	順位%
2.33	1
2.05	2
1.64	5
1.28	10
0.84	20
0.52	30
0.25	40
0.00	50
−0.25	60
−0.52	70
−0.84	80
−1.28	90
−1.64	95
−2.05	98
−2.33	99

のように，中間層はどんぐりの背くらべ，ドンジリとトップの層は得点が変動しても順位は比較的安定しているのが，正規分布の特徴です．

こういう次第ですから，ほんとうをいうと，得点が正規分布をするような出題のしかたは，受験生の学力を確認するための試験のほか，ごく一部の優等生を採用するための試験や，ごく一部の劣等生を切り捨てるための試験には適していますが，半数程度を採用するための試験には不向きです．どんぐりの背くらべあたりが合否の切れめになるので，ちょっとした運不運で合否が逆転してしまうからです．もっとも人間の能力は，本来，正規分布をしており，中間層はいずれにせよどんぐりなのだから，運不運を気にしてもしかたがないといわれるのであれば，また何をかいわんや，です．

そういわずに，ひとくふうしてみよう，という方には，むずかしい問題とやさしい問題を混ぜあわせて，得点が図 3.17 のようになるように細工されるよう，おすすめします．これなら合否の切れめのあたりで比較的，順位が安定するはずですから……．

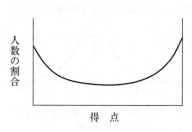

図 3.17 こうすれば切りやすい

ところで，表 3.5 は，2.33 σ の得点をとった人は全体の 1% くらいの順位，2.05 σ をとった

人は 2% の順位というように読むのですが，これはまた全体の 1%
めの順位の人は 2.33 σ の得点をとる実力があり，2% 順位の人の実
力は 2.05 σ の得点がとれると読むこともできます．そこで，こん
どは横軸にパーセント順位をとり，縦軸にはパーセント順位に相当
する実力をとって棒グラフを描いてみました．それが，図 3.18 の
上段のグラフです．順位は，もちろん 1, 2, 3, ……とするほうが
いいのですが，傾向を目だたせるために 1, 3, 5, ……としています．
順位が下がるにつれて，はじめは急激に，そして徐々にゆるやかに
と，指数関数のような傾向をもって棒グラフの高さが減少していく

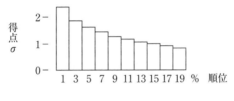

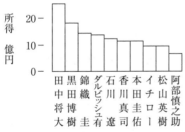

図 3.18　順位と実力の関係

のがわかります．

　さて，ここで興味深い事実をご紹介できるので嬉しくなってしまいます．中段の棒グラフは，2014年におけるプロ・スポーツ選手の所得を高額のほうから順に10位までならべたものです．どうです，上段の棒グラフとそっくりではありませんか．別に意識してそっくりの棒グラフを選んだわけではありません．古館伊知郎，小倉智明，宮根誠司，……とつづくニュースキャスターの所得も，秋元　康，ビートたけし，タモリ，……とならぶ芸能人の所得も，ほとんど同じ傾向です．紙面の都合で，ぜんぶをお見せできないのが残念なくらいです．

　つぎに，図3.18の下段を見てください．これは，英文で使われるアルファベットの文字を，使用される割合の順で10位までを棒グラフに描いたもので，やはり指数関数に似た傾向がはっきりと現われています．英語やロシア語のように，単語の切れめがはっきりしている言語では，単語が使われる割合にも似たような傾向があることが知られていて，これを**ジップの法則*** などと呼んでいます．

　図3.18が語る傾向は，実は順位と実力の間にごく一般的に見られる傾向です．ある国の都市を人口の順にならべても，世界中の川を長さの順にならべても，クラスの生徒にボール投げをさせた記録も，上位から1〜2割くらいまでの実力は，ほぼ指数関数で近似することができます．こういうわけですから，チーム内で最も優秀な選手の故障は，チームの戦力に大きな影響を与えます．傑出した1名が減って，どんぐりが1名追加されるのですから……．

---

　*　ジップの法則のグラフをごらんになりたい方は，『関数のはなし(下)【改訂版】』，30ページをどうぞ．

4. 数字を混ぜる

ゴルフとボーリングのスコアを総合する

　この章は，だべりを省いて，真向から本論にはいります．某社に，東野，南野，西野，北野，という4人の若手社員がいると思ってください．同期入社の平社員で，役職を争う時期にはまだ間があるせいか，人も羨む仲良し4人組です．この4人が，ゴルフとボーリングで戦おうということになりました．ゴルフは4人がいっしょのパーティーで回るのが常識ですし，ボーリングも隣りあわせのレーン2本を4人で使えば水入らずのプレーができるので，きっと楽しい戦いになるだろうと心がはずみますが，問題は採点のしかたです．

　各種目ごとに，1位は3点，2位は2点，3位は1点，4位は0点として，2種目の合計点がもっとも高い人を優勝とする採点法はわかりやすいのですが，いくら頑張って大勝しても，辛勝のときと同じでは張りあいがありません．もっと気のきいた採点法がないもの

でしょうか．

そのうえゴルフは，直径 4cm 強のボールを芝生に掘られた直径 12cm の穴に入れるまでにボールをなん回打ったかを競うゲームですから，スコアは少ないほうが上出来であるのに対して，ボーリングはスコアが大きいほど好成績なので，この両方を混ぜあわせるには少々くふうがいります．ああだ，こうだと賑やかな議論のすえ，つぎのような採点法で合意をみました．

ゴルフのスコアはずぶの素人でも 250 を超すことはありません．そこで，各人のゴルフのスコアを 250 から差し引いた値をゴルフの得点としました．4 人の腕前は 100 〜 110 見当ですから，それを 250 から差し引いた各人の得点は，たぶん 130 〜 140 くらいになるでしょう．そして，この得点を各人のボーリングのスコアに加えた合計点で，優劣を争うことを約束しようというわけです．4 人のボーリングの実力もうまいぐあいに 130 〜 140 くらいですから，きっとゴルフとボーリングのスコアは，優勝に対して公平に寄与するにちがいありません．

なお，ゴルフの 1 ラウンドに対して，ボーリングの 1 ゲームでは，そもそもウエイトがちがいすぎるとご心配のむきがあるかもしれませんが，これは数量化の例題にすぎませんから，そこのところは目をつぶってください．

さて，いよいよ当日，午前にボーリング，午後にゴルフ，親しいどうしが冷やかしたり野次られたり，心から楽しい 1 日を過ごしてビールで乾いた喉をうるおしながら，得点を計算してみると，表 4.1 のような戦績となりました．

東野くんは，ゴルフのスコアはお世辞にも上等とはいえないので

表 4.1 東野くんの実力がナンバー1のよう

名　前	ゴルフの スコア	得　点	ボーリングの 得　点	合計点	順　位
東　野	125	125	165	290	1
南　野	105	145	130	275	2
西　野	115	135	135	270	3
北　野	90	160	105	265	4

すが，ボーリングで他の3人に大差をつけたのがもろに効き，合計点でも2番以下に水をあけて第1位です．2位は南野くん．ボーリングがいまひとつ冴えなかったのですが，ゴルフのスコアがそれなりにまとまったのがきいたようです．3位の西野くんは，ゴルフもボーリングもぴりっとせず，まあ，こんな順位が相応のところでしょう．4位の北野くんは，ゴルフではかなりの好スコアをものにしたにもかかわらず，ボーリングでつまづいたのが決定的なダメージとなって最下位に甘んじ，おおいに口惜しがってビールをあおっていました．

　この採点法は，いっぽうは小さいほうが上等，他方は大きいほうが優秀という異質な得点を，しかも合計点に対して両者が公平に寄与するように，うまく加えあわせてあるように見えるかもしれません．けれども，実をいうと，ここに大きな陥し穴が隠されているのですから油断は禁物です．

　ゴルフは，ボールが池にとび込んだり，樹木に当ってとんでもない方向へいってしまったり，思いがけないアクシデントが起るのですが，そのわりにはスコアが荒れないスポーツです．腕前が100〜110くらいのプレーヤーですと，90を切ることは至難の技ですが，

その反面120を超すこともめったにありません．つまり，最高のスコアと最悪のスコアの開きは，どんなに頑張っても30くらいが関の山です．

これに対して，並の素人ボーラーは，160を超すようなスコアを出すことがあるかと思うと，100そこそこに留まることもあったりして，60くらいの差がつくことも珍しくありません．つまり，ゴルフでの30の差は，ボーリングでは60の差に匹敵するくらいの価値があることになります．それにもかかわらず，ゴルフの得点とボーリングの得点を同じウエイトで加えあわせてしまったのですから，表4.1の採点法では，ゴルフに対してボーリングのほうが2倍ものききめを発揮しているはずです．したがって，ボーリングで高得点を得た東野くんが得をしているし，ゴルフで好成績をあげた北野くんが損をしていることになります．

そこで，表4.1のゴルフの得点を2倍することによって，この不公平を修正してみたのが表4.2です．おやおや，順位がまるでかわってしまったではありませんか．

こうしてみると，ゴルフの得点を「2倍」するのが正しいか否かが大問題であることがわかります．2倍ではなく1.5倍としたり，あるいは3倍とすれば，また別の順位が現われてしまいますから，

表4.2 北野くんがにわかに浮上

名　前	ゴルフの得点	ボーリングの得点	合計点	順　位
東　野	125 × 2 = 250	165	415	3
南　野	145 × 2 = 290	130	420	2
西　野	135 × 2 = 270	135	405	4
北　野	160 × 2 = 320	105	425	1

順位を決定するキャスティングボートは，この倍率に握られているといっても過言ではありません．これほどたいせつな倍率の決め方，つまりウエイト付けについては，あとで触れるつもりですが，ここでは前章ですっかり馴染となった五段階評価か七段階評価を利用して，倍率が正しくなるよう，くふうしてみましょう．

たかがゴルフやボーリングですから，5段階くらいのきめの荒さでもいいではないかとも思いますが，せっかく1日をかけて競技をするのですから，もう少しきめ細かく，82ページあたりでご紹介した七段階評価，すなわち優れたほうから3，10，22，30，22，10，3%の割合で，6，5，4，3，2，1，0点を与える方法を採用することにします．

競技を始める前に，仲良し4人組が額を集め，彼らの日頃の実績からみて，ゴルフのスコアが90を切ることは3%もあるまいとか，96を切る確率なら10%を上回るだろうとか，120を上回る確率は3%も見積っておけばいい……などと仔細に検討して，表4.3にあるような七段階評価の基準をつくりました．各段階を等しい幅で刻むことも忘れてはいけません．同様にボーリングについても，鳩首擬議のうえ表4.3のような七段階評価の基準を決めました．こうし

表4.3 ゴルフとボーリングの七段階評価表

配 分	ゴルフのスコア	ボーリングのスコア	得 点
3%	〜 90	168 〜	6
10%	91 〜 96	155 〜 167	5
22%	97 〜 102	142 〜 154	4
30%	103 〜 108	129 〜 141	3
22%	109 〜 114	116 〜 128	2
10%	115 〜 120	103 〜 115	1
3%	121 〜	〜 102	0

表 4.4 七段階評価による成績

名 前	ゴルフ スコア	ゴルフ 得点	ボーリング スコア	ボーリング 得点	合計点	順 位
東 野	125	0	165	5	5	3
南 野	105	3	130	3	6	2
西 野	115	1	135	3	4	4
北 野	90	6	105	1	7	1

て成績の判断基準についての合意が成立したので,競技開始です.

戦いすんで日は暮れて,4人のゴルフとボーリングのスコアは表4.1のとおりでした.それぞれのスコアを表4.3の七段階評価の基準にしたがって得点に換算し,2種目の合計を求めたのが表4.4です.こんどは,北野くんがゴルフで100を大きく切るという好スコアをあげたのが高く評価されて1位,南野くんは2種目とも並のスコアでおさめて2位,東野くんはボーリングでの活躍がゴルフの不振に相殺されて3位,西野くんはボーリングが並,ゴルフが潜水艦(ナミの下)では最下位もやむなし……という結果となりました.

この採点法には,いくつもの長所があります.第1には,異質のスコアのそれぞれに七段階評価を導入することによって,ゴルフのように105くらいが平均で小さいことに価値があるスコアと,ボーリングのように130くらいを平均として大きいほうが上等なスコアとを,同じ目盛の間隔尺度で評価することです.そのため,第2には,こうして得た両競技の得点を合計すれば,両者を同じウエイトで加算したことになります.そして第3には,この合計点は依然として正しい間隔尺度で数量化され,評価されていると保証できることです.なんとも結構な採点法ではありませんか.

練習2題

　仲良し4人組は，ゴルフとボーリングで楽しい一日を過ごしてもまだ別れがたく，夜はマージャン卓を囲み，そのスコアも加算して3種目競技として合計点を競うことになりました．ゴルフやボーリングと同じウエイトでマージャンの得点を加えあわせるために，マージャンの七段階評価の基準をつくってみてください．

　こんどは，平均がゼロですからマイナスのスコアも生じますが，とまどう必要はありません．やはり，ン万点以上になる確率とか，マイナス・ン万点以下になる確率などを頭に描きながら，スコアを等間隔に区切ってゆけばいいのです．たとえば，表4.5のようになるかもしれません．

　ついでに，もうひとつの練習です．しつこいようですが仲良し4人組は，さらにテニスも競技種目に加えることに相談がまとまりました．テニスの成績を，ゴルフやボーリングやマージャンと同じ間隔尺度で数量化する方法を考えてください．

　テニスは，コートや時間の都合もあって，ダブルスのすべての組

表4.5　マージャンの七段階評価の例

配　分	マージャンのスコア	得　点
3%	〜 －3万未満	0
10%	－3万〜 －2万未満	1
22%	－2万〜 －1万未満	2
30%	－1万〜　 1万未満	3
22%	1万〜　 2万未満	4
10%	2万〜　 3万未満	5
3%	3万〜	6

合せごとに1セットの試合をすることにしましょう．そうすると，試合は

| 東野 | | 西野 | | 東野 | | 南野 | | 東野 | | 南野 |
| 南野 | | 北野 | | 西野 | | 北野 | | 北野 | | 西野 |

の，たった3試合です．したがって，ある個人にとって起り得る結果は3勝0敗，2勝1敗，1勝2敗，0勝3敗という4つのケースしかありません．さて，これらのケースになん点を与えればゴルフやマージャンなどと同じ尺度になるでしょうか．

4人の力量が同じであれば，各人にとってこれらのケースが起る確率は

   3勝0敗 12.5%

   2勝1敗 37.5%

   1勝2敗 37.5%

   0勝3敗 12.5%

です．七段階評価のパーセントと較べてみてください．うまいぐあいに，3勝0敗の12.5%が七段階評価の6点と5点とを加えた13%とほぼ同じではありませんか．* したがって，3勝0敗は6点と5点の間の点数で評価されるのが至当です．そこでよく考えてみると，6点と5点との領域は，全体の3%ぶんの6点と全体の10%ぶんの5点とで構成されていますから，この両方にまたがる領域に点数を与えるとすれば，それは6点と5点とが10対3の割合で混ざりあった値でなければなりません．つまり，3勝0敗に与えられる

---

 * 七段階評価の区切り幅は，83ページに書いてあるように0.76 σ です，したがって，5点と6点の区間は1.14 σ 以上に相当し，それは正確にいうと12.7%の面積を切りとります．これは3勝0敗の12.5%にごく近い値です．

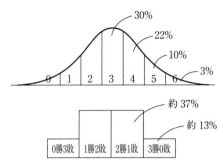

図 4.1　4 ケースと七段階評価の対応

点数は

$$\frac{6\times 3 + 5\times 10}{3+10} \fallingdotseq 5.2 \tag{4.1}$$

となるはずです．

　つぎに，図 4.1 を見ていただきましょう．2 勝 1 敗の 37.5% は，七段階評価でいうならば，22% を占める 4 点と 30% を占める 3 点の領域の半分にまたがっています．したがって，2 勝 1 敗に与えられる点数は

$$\frac{4\times 22 + 3\times 30/2}{22 + 30/2} \fallingdotseq 3.6 \tag{4.2}$$

が公平なところです．同じように，1 勝 2 敗と 0 勝 3 敗に与えられる点数は

$$\frac{3\times 30/2 + 2\times 22}{30/2 + 22} \fallingdotseq 2.4 \tag{4.3}$$

$$\frac{1\times 10 + 0\times 3}{10 + 3} \fallingdotseq 0.8 \tag{4.4}$$

でなければ納りません．こうして

　　3勝0敗　　5.2点
　　2勝1敗　　3.6点
　　1勝2敗　　2.4点
　　0勝3敗　　0.8点

と約束すれば，テニスの得点もゴルフやマージャンの得点と公平にたし算できることが判明しました．

　なお，5.2，3.6，2.4，0.8という得点は等差級数にはなっていないので，横軸を等間隔に目盛れば点数も直線的に上昇していくという性質が失われているではないかと指摘される方がおられたら，その方は数学的感覚が抜群の方にちがいありません．まさに，そのとおりなのです．けれども，この程度の誤差はがまんしなければなりません．なにしろ，七段階評価では全体を7区域に分割し，同じ区域に含まれたものには多少の品質の差には目をつぶって，均一の得点を与えているのが誤差の発生原因なのですから．

ウエイト付けは，こうする

　前節までは，ゴルフ，ボーリング，マージャン，テニスと，いろいろなスコアで示される成績を，なんとかして同じウエイトで加算できるようにと苦心をしてきました．けれども，いつも同じウエイトで加算していればいいというわけにもいきません．たとえば，事務の仕事をする女子社員を採用するための試験を想定してみてください．評価項目には能力，人柄，健康などたくさんの項目が思いつきますが，とりあえず「事務能力」と「人柄」の合計点で採否を決

表 4.6 単純計算ではまなが 1 番

応募者	事務能力	人　柄	合　計	五段階評価
なほみ	1	5	6	3.0
まな	3	4	7	3.5
あや	4	2	6	3.0

めようと思います．事務能力と人柄のそれぞれを五段階評価で採点し，それらを合計すれば，この両項目が同じウエイトで加えあわされたことになるのは，前節までに述べてきたとおりです．

いま，3 人の応募者について採点し，単純に合計したところ，表 4.6 の結果を得たとしましょう．合計点の欄を見ていただけばわかるように，まなさんが 7 点を獲得し，6 点のなほみさんとあやさんを押さえてトップにたっています．せっかく五段階評価をしたのだから，合計点も五段階で評価したい方のために，合計点を 2 でわって五段階評価らしい得点を右端の欄に書いていますが，そこを見てもまながトップであることにかわりがあるはずはありません．要するに，なほみは人柄はいいのですが事務処理能力に難があり，あやは能力はあっても人柄が気になるのに対して，まなは事務能力と人柄がともに相当の評価を得たところが幸いして合格の吉報を受けることになりそうです．

ところが，当社は貧乏会社だから，ばりばり働いてもらわなければならない，人柄などは二のつぎだ，という場合にはどうでしょうか．この場合，事務能力と人柄とを同じウエイトで合計するのではなく，事務能力のほうにウエイトをつけて合計しなければなりません．そこで，事務能力のほうに 2 倍のウエイトをつけて合計してみたのが表 4.7 です．こんどは，まなとあやの得点が同じになり，決

表 4.7 事務能力にウエイトをおくと，こうなる

応募者	事務能力	人　柄	ウエイト付けの合計	五段階評価
なほみ	1	5	1 × 2 + 5 = 7	2.3
まな	3	4	3 × 2 + 4 = 10	3.3
あや	4	2	4 × 2 + 2 = 10	3.3

表 4.8 事務能力のウエイトをもっと増やすと，こうなる

応募者	事務能力	人　柄	ウエイト付けの合計	五段階評価
なほみ	1	5	1 × 3 + 5 = 8	2.0
まな	3	4	3 × 3 + 4 = 13	3.3
あや	4	2	4 × 3 + 2 = 14	3.5

着がつきません．それでは，事務能力に3倍のウエイトをつけたらどうでしょうか．表4.8のようになって，こんどはあやがトップに跳り出します．なお，ウエイト付けの合計を五段階評価らしい得点に直すには，表4.7の場合には3，表4.8の場合には4で割らなければならないことは，もちろんです．

いっぽう，社員はなんといっても人柄が第一，チームで仕事をするのだから，社内外の人たちに気遣いできるような人じゃないとダメ，というのであれば，人柄のほうにウエイトをつけなければなりません．というわけで，人柄のほうに事務能力の2倍のウエイトをつけると，くどくなるので計算の過程は省略しますが，なほみとまなとが同点となるし，3倍のウエイトをつければなほみの人柄のよさがきいて，なほみがトップに進出します．

事務能力と人柄のウエイトを等しくすればまな，事務能力のほうに2倍を上回るウエイトを与えるとあや，人柄のほうに2倍を上回るウエイトをおくならなほみでした．このように，まったく異なっ

た結論に到達するのですから，前にも書いたように，評価のキャスティングボートはウエイト付けの手中にあることが改めて認識されました．これほどたいせつなウエイトは，どのようにして決めたらいいのでしょうか．

それは，関係者一同がじっくりと相談して決めるほかありません．じっくりと協議したうえで関係者の意見が一致すれば，それにこしたことはありませんが，意見が一致しなかったり，虚心に相談をするムードにない場合には，**デルファイ法*** を借用することをおすすめします．それは，つぎのようにやればいいでしょう．

女子社員のあり方について一応の見識をもつと考えられる関係者に「事務能力を 10 としたとき，人柄にはいくらのウエイトを与えたらいいか」と質問を出して回答を求めます．かりに，10 人から回答をもらい，その結果が

　　　　30, 25, 22, 16, 16, 12, 10, 10, 8, 5

であったとしましょう．ある人は人柄のほうが 3 倍も価値があると思い，他のある人は人柄に事務能力の半分の価値しか認めていないのですから，人によってずいぶん見解に差があるものです．

そこで，これら 10 個の値の中央値(メディアン)と四分位数とを求めます．中央値はデータを大きさの順にならべたとき中央にある値のことですが，この例ではデータの数が 10 個なので，中央に近い 2 つの値，16 と 12 の平均をとって 14 とします．四分位数は大きいほうから 1/4 のところにある値と 3/4 に位置する値のことで，前者を上四分

---

* デルファイは，音楽の神でもあり予言の神でもあるアポロンを祭る神殿があった古代ギリシア都市の名で，デルファイ法は技術革新や社会変動などに関する未来予測を行う方法として知られています．

位数，後者を下四分位数と呼ぶのですが，この例ではそれぞれ 22 と 10 です．

つぎに，回答者 10 名に，事務能力を 10 としたときの人柄のウエイト付けに関する調査結果を整理したところ，中央値は 14，四分位数はそれぞれ 22 と 10 であったむねを付記して，再度アンケートを求めます．回答者の中には他人の意見などにおかまいなく，前回と同じ回答をする人もいますが，他人の意見を参考にして自分の意見を修正する人も少なくありません．したがって，2 回めの回答は 1 回めよりばらつきが小さくなるのがふつうです．

さらに，2 回めの回答の中央値と四分位数を求め，これらを付記して 3 回めの回答を求め……というように，数回のアンケートを繰り返すと，回答のばらつきはだんだんと小さくなり，たとえば

  28, 25, 22, 21, 18, 17, 16, 14, 12, 10

くらいには，まとまってくるでしょう．そうしたら，上四分位数より大きい値と下四分位数より小さな値とを捨て，残りの値を平均してください．この例では．

  22, 21, 18, 17, 16, 14

を平均して 18 が得られます．したがって，事務能力 1 に対して人柄は 1.8 というのがウエイト付けの結論です．この結論は，有識者の見識を濃縮したものですから，じゅうぶんに信用できるし，また信用しなければしかたがないではありませんか．

なお，断っておきますが，こういうウエイト付けの作業は，採用試験より前にすませておかなければなりません．試験の成績が判明したあとでは，あの娘をとってやりたいとか，この娘を有利にとかの不埒な思惑がアンケートを歪めるおそれがあるからです．

ウエイト付けは 衆知を集めて

最後に,ウエイト付けが決まったところで,なほみ,まな,あやのうちのだれを採用すべきかを,各人で計算してみていただけませんか.さらに,評価項目が事務能力と人柄の2つだけではなく,資格とか健康とか,いくつもの評価項目が追加されても,同じような方法が使えることも確認していただければ最高です.

たし算か,かけ算か

前節では,ウエイトの大小は別として,とにかく事務能力の点数と人柄の点数とを加えあわせてきました.仕事に難があっても人柄のいい人は,それを存分に発揮して職場の雰囲気をよくしてくれればいいし,能力の高い人は,事務処理に存分に才を発揮してもらうように使えばいいし,いっぽうが完全に無価値であっても他方の価値は生き残りますから,両方の価値を加えあわせればいいのでした.

これに対して,一方が無価値のときには全体としても無価値になってしまうことも珍しくありません.たとえば,いくらパンダに赤ちゃんの誕生を期待しても,オスかメスのどちらか一方の生殖能力に問題があれば絶対に赤ちゃんは生まれないし,車がどんなに上等でも燃料が灯油にも劣る粗悪品なら,タイヤもハンドルもボロボロの車に上質のガソリンを入れたときと同じように,全体として何の価値もありません.

また,力士が大成するためには,心,技,体の3要素が必須の条件であり,その中の1つが欠けても決して大成はできないといわれます.そして,社員の健康と能力の関係も,これに近いように思われます.いくら能力があっても出社できないほど不健康ではなんにもならないし,いくら健康でも仕事の能力がゼロでは役に立たないからです.

こういうとき,「健康」の点数と「能力」の点数を加えあわせるのは正しくありません.一方がゼロでも合計点はゼロにならないからです.では,どうすればいいか……? もちろん,両方の点数をかけあわせればいいのです.一方がゼロのときゼロになるような演算のうち,もっともポピュラーなのはかけ算だからです.

表4.9を見てください.3人の応募者について健康と能力の2項目を五段階評価した採点表です.前節までのように,2項目の得点

表4.9 「かけ算」はバランスを評価する

応募者	健 康	能 力	積	五段階評価もどき
由 伸	1	5	5	2.2
公 康	3	2	6	2.4
元 信	4	1	4	2.0

を合計した値で評価するなら，由伸くんがトップです．けれども，健康と能力の得点をかけあわせた積は公康くんがトップですから，この場合は由伸ではなく公康を採用しなければなりません．

なお，積の値を五段階評価らしい値に直さないと気がすまない方は，一応，平方に開いてください．計算結果は右端の欄のようになります．けれども正確にいうと，これは正しいパーセントに区分された五段階評価に従って採点された値とはいえません．正規分布する値どうしをかけあわせて平方に開いた値は，もはや正規分布をしないからです．したがって，表では積を平方に開いた値を，五段階評価もどき，と書いておきました．一応のめやすくらいにはなるでしょう．それにしても今回の応募者は，質が良くありませんね．

表 4.9 の場合は，健康と能力の点数が単純にかけあわされているだけですから，積に対する貢献の度合いは五分五分です．もしも，健康のほうが能力の 3 倍もたいせつだというのであれば，表 4.10 のように，健康の点数を 3 回だけかけあわせたうえで能力の点数をかけあわせなければなりません．計算してみると表 4.10 のように，こんどは元信くんがトップの座を射止めます．

なお，ウエイト付けの積を五段階評価もどきに相当する得点に直すには，こんどは 4 乗根を求めなければなりません．なにしろ，4 つの値をかけあわせた結果が，ウエイト付けの積になっているので

表 4.10 ウエイト付けの「かけ算」

応募者	健 康	能 力	ウエイト付けの積	五段階評価もどき
由 伸	1	5	$1^3 \times 5 = 5$	1.5
公 康	3	2	$3^3 \times 2 = 54$	2.7
元 信	4	1	$4^3 \times 1 = 64$	2.8

すから……．

　私たちは，社員の採用試験ばかりではなく，購入すべき商品の発注先を決めたり，教育やレクリエーションに関するいくつかの案の中から1つを選んだりするようなとき，2項目以上の得点を総合して決定をくだすような場面にしばしば遭遇します．そのようなとき，いつでも無邪気に各項目の得点を加えあわせて，最高点を得た案を採用しているのが，残念ながら実情です．

　けれども，2項目以上を総合した効果は，いつも各項目のたし算で決まるとは限らず，各項目のかけ算で決まる場合も少なくないことをじゅうぶんに承知したうえで，「たし算」と「かけ算」を使いわけなければなりません．

もうひとつの××算

　ちかごろの若者は，小利口な優等生ばかり多くてバイタリティに富んだ豪傑がいないと，異口同音に熟年の方たちがおっしゃいます．「ちかごろの若者は」という批判の言葉は，きっと数百年も数千年も昔から後輩の世代へと申し継がれてきたにちがいありません．つまり，いま批判をしている熟年層も，つい最近までは批判される側にいたのですから，たいして気にすることはないのですが，しかし平和で安定し，すっかり管理されてしまった昨今の社会では，型破りな豪傑が育ちにくく，またその必要が少ないことは事実でしょう．そのような社会では，傑出した特長と欠点とを併せもつ人物よりは，よくバランスのとれた人物のほうが働き蟻として使いやすいからです．

もし，このような働き蟻を求めるのであれば，「かけ算」による人物評価が最適です．その証拠は，すでに表4.9でもかいま見てきましたが，もっと歴然とした証拠は図4.2です．2つの変数 x と y との和と積の傾向を比較するために

$$z = x + y \quad (4.5)$$
$$z = xy \quad (4.6)$$

のグラフを描いてみようと思います．x と y の両方を自由に変化さ

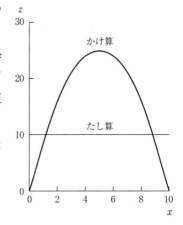

図4.2 「かけ算」はバランス尊重

せると両式とも3次元空間における曲面を表わすことになり複雑にすぎるので，＊ 1つの例として

$$x + y = 10$$

の場合について，z の値をグラフに描いてみました．

見てください．一定の値を保っている「たし算」と比較して，「かけ算」のほうは10点が x と y とに平等に分かれているところが最も高く評価され，x か y に点数が偏るにつれて評価が下がり，どちらかがゼロであれば評価もゼロにまで低落してしまうではありませんか．このように，「たし算」と較べれば「かけ算」は徹底したバランス尊重型なのです．

＊ 式(4.5)や式(4.6)が3次元空間の中でどのような曲面になるのかと興味のある方は，『関数のはなし(上)【改訂版】』，208〜214ページをごらんください．予測を裏切って，とてもやっかいです．

しかし、働き蟻ばかりでは困ります。強烈な個性をもってマンネリズムを打破したり、強力な指導力を発揮して社会を進化させてゆくリーダーも必要です。そのような人物を発掘するためには、多少バランスが欠けていることには目をつぶって、優れた個性を高く評価しなければなりません。

たとえば、科学技術についての発明や発見は、昔は1人の天才の才能に負うところが多かったのですが、現代では実験装置が大がかりになったり、いろいろな知識がからみあったりしているために、科学者や技術者がグループをつくって発明や発見に挑戦することが多くなりました。このような研究グループでは高い学力か、あるいは卓越した統率力をもった研究員が尊重されます。卓越した統率力をもったリーダーが、高い学力を備えた研究員を統括することによって、大きな仕事が期待されるからです。

したがって、研究員を「学力」と「統率力」の2項目で評価しようとするなら、「学力」か「統率力」かの個性を尊重しなければなりません。中途半端は、使いものにならないのです。このような場合には、2つの項目に与えられた得点を、つぎのように総合評価することをおすすめします。

図4.3は、横軸に統率力の得点を、縦軸には学力をとっています。そうすると、ある個人の能力はこの座標上で、たとえば●のように表わされることになります。そのとき、座標の原点からこの●点までの長さによって、その人物の能

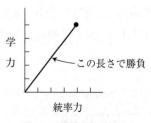

図4.3 個性を尊重する

力を表わすことに約束しましょう．つまり，統率力がx，学力がyであるときの総合評価を

$$z = \sqrt{x^2 + y^2} \tag{4.7}$$

で表わそうというわけです．

この表わし方がどのくらい個性を尊重しているかを，図4.2のときと同じように「たし算」の場合と比較してみたのが図4.4です．なるほど，統率力か学力のどちらかに配点が集中したときが最も高い評価を受け，2つの項目に等しく配点されたときに最も低い評価を受けています．このように，式(4.7)による総合評価は，個性尊重型なのです．

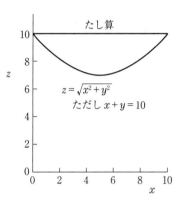

図4.4 「ベクトル算」は個性尊重

こういうわけですから，2項目の得点が決まっても，その得点を「たし算」するのか「かけ算」するのか，あるいは式(4.7)で総合するのかによって，評価が分かれることも少なくありません．表4.11は，総合のしかたによって順位が逆転する例です．この例をつくる

表4.11 数値の混ぜ方が順位の決め手

x	y	$z = x + y$		$z = xy$		$z = \sqrt{x^2 + y^2}$	
40	1	41	②	40	③	40.0	①
39	3	42	①	117	②	39.1	②
35	5	40	③	175	①	35.4	③

○内の数字が順位です

のに私も苦労したくらいですから，現実にはこれほど見事に逆転することは少ないと思われますが，数値の混ぜあわせ方が順位を決める鍵となる場合があることを忘れてはなりません．

独立性を尊ぶ

たし算は式(4.5)で，かけ算は式(4.6)で表わされることはいうまでもありませんが，では，式(4.7)の演算はなにを意味するのでしょうか．それに，図4.4の見出しには「ベクトル算」と書いてありますが，これはなんだろうかと気になります．

ベクトルとは，方向と長さの両方に意味をもった矢印のことです．これだけでは何のことやらわからないので，2，3の例をイラストにしてみます．重量あげの絵では矢印の長さで力の強さを表わしていますから，バーベルを差しあげる力より大地を踏みしめる力のほうが長い矢印になっています．なぜって，大地を踏む力はバーベルの重さのほかに自分の体重が加わったものだからです．

また，テニスの絵ではボールが飛び出す方向を矢印の方向で示すとともに，ボールの初速を矢印の長さで表わすと約束したとき，この矢印はベクトルと尊称されます．ゴルフの絵では，ゴルファーがつぎからつぎとボールを打ちながら歩いた足跡を矢印で表わしてみました．この矢印は，方向はもちろん，長さが距離を示していますから，明らかにベクトルです．

そこで，123ページあたりで採用試験を受けた3人の女性をベクトルに描いてみると，図4.5のようになります．縦軸は人柄ですから，縦軸に密着した長いベクトルは人品骨柄卑しからぬ人ですし，

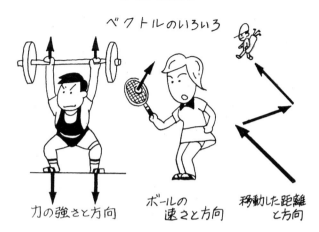

事務能力を示す横軸に密着した長いベクトルはばりばりのキャリアウーマンにちがいありません．そして，縦軸と横軸の中間方向に伸びたベクトルは，事務能力と人柄とがバランスしていることを表わします．すなわち，なほみは人柄抜群，あやはキャリアウーマン，まなはそれなりのバランス型といえるでしょう．

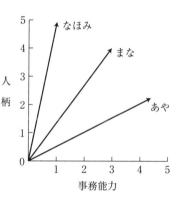

図 4.5　人物をベクトルで表す

いずれにしろ，ベクトルの長さが問題です．これが短くては救いようがありません．縦軸に密着した短いベクトルは，事務能力はからっきしダメなのに人柄もたいしたことはなく，横軸に密着した短いベクトルは人柄も悪いうえに事務能力もお粗末だし，中間方向に伸びた短いベクトルは人柄も事務能力もたかがしれているからで

す．したがって，ベクトルは長ければ長いほど上等な人物と判定することができるでしょう．

これで，式(4.7)の意味がわかってきました．

$$z = \sqrt{x^2 + y^2} \tag{4.7と同じ}$$

で計算されるzは，横軸方向にx，縦軸方向にyの成分をもつベクトルの長さだったのです．だから，図4.4の見出しには「ベクトル算」という変な言葉を使わせていただきました．* なお，式(4.7)によってxとyとを結合するとき，yのほうにa倍のウエイトをつけたければ

$$z = \sqrt{x^2 + (ay)^2} \tag{4.8}$$

とすればいいことは，図4.6に見るとおりです．

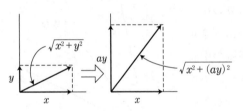

図4.6 yにウエイトを付けたベクトル算

さて，ここで事務能力を示す横軸と人柄を示す縦軸とが直角に交わっていることに注意しなければなりません．なぜか

---

* 「ベクトル算」という用語は，正しくはベクトルどうしの演算を指しています．そのうちの「たし算」は下図のように行なわれ，たし算されたベクトルの長さは式(4.7)で求めたzですから，本文中のベクトル算は正確にいうと，「たし算されたベクトルの長さ」となるでしょう．

ベクトルについては，また第6章でも対面しなければなりません．ベクトルの基礎をきちんと知っておきたい方は『行列とベクトルのはなし【改訂版】』をどうぞ．

というと，つぎのとおりです．

人柄と事務能力の関係について考えてみてください．人柄は，カウンセリングを受けたり，本を読むことによって，多少は改良できるでしょう．けれども，人柄がいくらかよくなっても，事務能力のほうには少しも影響がありません．いっぽう，事務能力は，簿記や速記を習ったり，ExcelやWordに習熟すれば，相当の向上が期待できます．しかし，事務能力が向上したからといって人柄がよくなるわけではありません．このように，人柄と事務能力は互いに**独立**した現象です．これに対して，たとえば野球チームの実力を評価する要素として，守備力，攻撃力，走力の3要素をあげる方がいますが，攻撃力と走力は独立ではありません．攻撃力は走力の影響が大きいからです．強いて独立の評価要素を選ぶなら，攻撃力のかわりに打撃力としたほうがいいでしょう．

ここで，図4.7に目を移していただきます．左側の図では人柄の軸と事務能力の軸とが直交しています．そうすると，カウンセリングによって性格を変えた効果は人柄の軸の方向にだけ表われますから，カウンセリングの前後で事務能力は変わりありません．

これに対して，右側の図では人柄の軸と事務の能力の軸が直角に交わっていませんから珍妙なことが起こります．カウンセリングの効果が人柄軸の方向に伸び

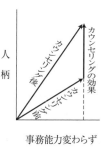
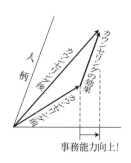

図4.7 独立について

るので，人柄が改良されるに伴って事務能力のほうも向上してしまいます．これは，人柄と事務能力が独立であることと，もろに矛盾しています．だから，人柄と事務能力の軸とはぜひとも直交してもらわなければなりません．

実は，評価要素が互いに独立であるということには，意外に重要な意味があるのです．かりに事務能力と人柄とが独立ではなく互いに影響しあうとするなら，一方にウエイト付けをすれば他方にもその影響が現われてしまうにちがいありません．そうなると，表4.7，表4.8でつけたつもりのウエイトは，私たちの意図どおりの2や3ではなかったはずです．これでは，デルファイ法を借用してつけたウエイトも，なんにもなりません．ですから，評価項目を選ぶときには努めて互いに独立な項目を厳選しなければならないのです．

これなら，いま使える

この章の最後は，いくらか脱線の気味がありますが，身近な問題でとどめを刺すことにしましょう．なんとしたことか，ツキには縁のないはずの私が，宝くじで1億円を当ててしまったと思ってください．さあ，たいへん……．

日頃，つましい生活を強いられている私としては，どうせあぶく銭なのだから，この際，女房と子供を連れてラスベガスあたりで豪遊するか，銀座のクラブで高級なお酒を開けてみるとかしてみたいとは思うものの，しかしいつまでも社宅住いでもあるまいから，この際マイホームを購入しようか，それとも子供たちの教育に投資をするほうが楽しみが残るだろうかと迷うばかりで，考えがまとまり

ません.

それに加えて女房は,冷蔵庫もテレビも年式が古くなったから買いかえたいわと,自分の年式を棚にあげて勝手なことをつぶやくし,免許とりたての息子はぜひともポルシェ 911 の新車をと主張するし,成人式が近づいた娘は振り袖の晴着が最低の要求だとゆずらないし,柴犬のケンまで犬小屋の新調をねだるような目つきで見あげるしまつで……,どうすりゃいいのさ,この私,というところです.

話としては愉快ですが,ほんとうのところ,私はとんでもない難問を抱え込んでしまったようです.一生の思い出としての銀座のクラブでの豪遊と,マイホームの準備と,車や晴着や犬小屋など,まるで質の異なるものどうしを比較して優先順位をつけようというのですから,これはスフィンクスの謎に匹敵する難問なのです.この難問を解く鍵は,この章でご紹介したウエイト付けです.

表 4.12 を参照しながら,「家庭の幸福」に貢献するいろいろな要

表 4.12 家庭の幸福への効き目を調べる

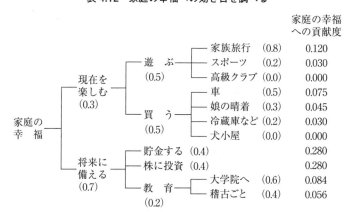

素にウエイトを配分していきましょう．まず，「現在を楽しむ」ことと「将来に備える」ことが，家庭の幸福にどのような割合で貢献するかを，家族全員でじっくりと相談してください．この割合は，もちろん主観の問題です．キリギリス型の家族なら9対1くらいの割合で現在の楽しみに多くのウエイトをおくでしょうし，アリ型の家族なら逆に1対9で将来に重きをおくかもしれません．みなさんの家族なら，どうでしょうか．

家族全員で相談してもすんなりと割合が決まらないようなら，125ページのようにデルファイ法を利用するのもよし，またスキージャンプの飛型点の採点*のように両極端の意見を捨てて残りの意見を平均すれば，身勝手な意見を排除する効果があるでしょう．さらに，一家の柱である親父に2人前のウエイトをつけることに家族に同意してもらい，親父だけが2票を行使するのも，いまどきちょっとした美談かもしれません．

こうして，「現在を楽しむ」と「将来に備える」に3対7のウエイトを配分することに決まったとしましょう．つぎは，「現在を楽しむ」に対して「遊ぶ」と「買う」がどのくらいの割合で貢献するかを協議するばんです．じゅうぶんに議論したあげく，五分五分にウエイト付けすることで意見の一致をみたとしましょうか．

つづいて，「遊ぶ」に対して「家族旅行」，「家族ぐるみのスポーツ」，「親父のクラブ遊び」がどのような割合で貢献するかについて

---

* スキージャンプの飛型点の演技では，なん人かの審判がつけた点のうちで，いちばん高い点といちばん低い点を除き，他の点を平均して，その演技の得点としています．こうすると，自国の選手に不当に高い点をつけるような不正が排除されるのでしょう．

協議します．もちろん，このほかにも「観劇」とか「豪勢な食事」とか，いくらでもありそうですが，家族のだれもがいらないと考える項目は採用する必要はありません．採用したところで，どうせゼロのウエイトをつけられるのがオチですから……．

協議の結果，家族旅行，スポーツ，クラブ遊びに，8対2対0のウエイトがつけられたとしましょう．そうすると，貢献度という立場からみるなら，「家族旅行」は「遊ぶ」の8割を占め，「遊ぶ」は「現在を楽しむ」の5割を占め，そして「現在を楽しむ」は「家庭の幸福」の3割を占めているのですから，結局「家族旅行」が「家庭の幸福」の中で占める貢献度は

$$0.8 \times 0.5 \times 0.3 = 0.12$$

ということになります．それなら，1億円の臨時収入のうち1,200万円を家族旅行にさいても不都合ではありません．1,200万円もの予算となると，4人家族がラスベガスで豪遊は言うに及ばず，豪華客船で世界一周の旅もできそうです．

同じようにして，各項目ごとの「家庭の幸福」に対する貢献度を計算したのが，表4.12の右端の値です．車の貢献度は0.075，つまり1億円中の750万円にすぎませんから，ポルシェ911の新車はあきらめて中古なら何とかなりそうです．また，840万円あれば，2人の子弟を大学院に入れてもおつりがきますから，ついでに稽古ごとでもやらせましょう．それにしても，銀座のクラブで豪遊するの貢献度がゼロに査定されるとは，無念です．

表4.12の方法は，一般に**関連樹木法**(Relevance Tree)などと呼ばれていて，広範囲な応用力をもっています．アメリカは，月へ人類を送り込んだアポロ計画を実行するとき，ハネウェル社が開発し

たPATTERN法* という大がかりな手法を使いました．これも原理的には表4.12の方法と同じです．職場で，あるいは家庭で，存分に利用してみてはいかがでしょうか．

ガットマンに学ぶ

前節は，この章のとどめのはずでした．けれども，この章に関連して，どうしてもご紹介しておきたいエピソードを思い出してしまったのです．さらに数ページを追加することをお許しください．

第2次世界大戦は，文字どおり世界中を戦場にして，大量の一般市民を含む推計で5,000万人を超える人命を犠牲にした大戦でしたが，ドイツにつづく日本の降伏でその幕を閉じたとき，アメリカは世界中の各地に数百万人もの軍人を残していました．そして，それらの軍人たちのひとり残らずが，家族や恋人の待つ祖国へ帰れるときを一日千秋の思いで待っているのは当然のことでした．けれども，数百万人もの人員を本国へ輸送するには，どうがんばっても数カ月はかかりますから，一部の人たちにはさらに長期間にわたって辛抱してもらわなければなりません．だれかがその貧乏くじを引かなければならないのです．

この場合，比較的おだやかな任務についていた兵士たちより，熾烈な戦闘に数多く参加してきた兵士たちを優先して帰国の権利を与えることには，異論はないでしょう．また，気楽な独身者より幼い

---

* PATTERN(Planning Assistance Through Technical Evaluation of Relevance Numbers)については，簡単な解説が『新編 創造力事典』(高橋誠編著，日科技連出版社)の385ページに出ています．

扶養家族を抱えた所帯もちのほうが優先されるのも，おおかたの賛同を得られるにちがいありません．それでは，激戦をくぐり抜けてきた独身者と，平穏な勤務をしてきた所帯もちのどちらが優先されるべきなのでしょうか．

そしてまた，本国を出てからの期間の長さも考慮する必要がありそうです．いくら平穏な勤務をしていた独身者でも，長期間にわたって海外の戦場に配置されっぱなしでは，かわいそうです．さらにまた，職業軍人か志願兵か徴集兵かによっても差がつきそうですし，各人の健康状態，勤務地の生活環境の良否などなど，考えれば考えるほど帰国の優先順位がわからなくなってしまいます．この難問に応えて，ガットマンという人が提案した優先順位の決め方の骨子を，ぜひともご紹介したいのです．

扶養家族といっても，若々しい奥さんひとりを残しているために生活の不安よりも浮気のほうが心配という程度から，幼児を抱えた病気がちの奥さんと年老いた両親が生活に追われているという深刻なものまで各種の段階がありますが，ここでは考え方を述べるのが目的ですから，筋書きを簡単にするために「有」と「無」とに分類しておきます．同じ趣旨で，激戦に従事したか平穏に勤務したかについては「激」と「穏」の2段階に分類し，本国を出てからの期間は「長」と「短」に分類することにします．つまり，

$$\text{扶養家族}\begin{cases}\text{有}\\\text{無}\end{cases}\quad \text{任務}\begin{cases}\text{激}\\\text{穏}\end{cases}\quad \text{年数}\begin{cases}\text{長}\\\text{短}\end{cases}$$

に区分します．そして，これ以外の条件は，このさい無視をして話をすすめます．そうすると，たとえば「有・穏・短」の兵隊や「無・激・短」，「無・穏・長」など，さまざまな組みあわせの兵隊たちに，ど

のような優先順位をつけて帰国させるかという問題に帰着します.

では,ガットマンが提案した手順にしたがって作業を始めます.まず,本国を出てからの期間のことを,すぱっと忘れてください.そして,扶養家族と任務の組みあわせについてだけ比較をします.その組みあわせは

　　　　有・激　　有・穏　　無・激　　無・穏

の4種ですが,扶養家族については「有」を優先し,任務については「激」を優先するのはもちろんですから,

　　　　有・激　のほうが　有・穏　より
　　　　有・激　のほうが　無・激　より
　　　　有・激　のほうが　無・穏　より
　　　　有・穏　のほうが　無・穏　より
　　　　無・激　のほうが　無・穏　より

優先することに異存はないでしょう.問題は「有・穏」と「無・激」のどちらを優先するか,だけに絞られます.扶養家族にウエイトをおけば「有・穏」に軍配があがるし,任務にウエイトをつければ「無・激」を選ぶことになりますから,ここがいちばん迷うところです.冷静に考え,それでも心が定まらなければ,常識豊かな友人の助言も得て,どちらかに決心をしてください.ここでは

　　　　有・穏　のほうが　無・激　より

優先すると決めたことにしましょう.

以上を整理したのが表4.13の上段の表で,○印が優先を示しています.右端の点数は,その○の数をかぞえたものです.そして「有・激」に与えられた3点は,「有」にも3点,「激」にも3点が与えられたと解釈してください.そうすると,「有」には「有・激」

表 4.13　こうしてウエイトを計算する

年数を無視

	有・激	有・穏	無・激	無・穏	点　数
有・激	—	○	○	○	3
有・穏	×	—	○	○	2
無・激	×	×	—	○	1
無・穏	×	×	×	—	0

有 = 5，無 = 1，激 = 4，穏 = 2

扶養家族を無視

	激・長	激・短	穏・長	穏・短	点　数
激・長	—	○	○	○	3
激・短	×	—	×	○	1
穏・長	×	○	—	○	2
穏・短	×	×	×	—	0

激 = 4，穏 = 2，長 = 5，短 = 1

任務を無視

	長・有	長・無	短・有	短・無	点　数
長・有	—	○	○	○	3
長・無	×	—	×	○	1
短・有	×	○	—	○	2
短・無	×	×	×	—	0

長 = 4，短 = 2，有 = 5，無 = 1

の3点と「有・穏」の2点が与えられていますから，合計5点を得たかんじょうになります．同様に，点数を拾ってみると「無」は1点，「激」は4点，「穏」は2点を得ていることがわかります．これらの点数が，上段の表の下に接して書かれています．

つぎにすすみます．こんどは，扶養家族のことをさっぱりと忘れてください．全員が等しい扶養家族をもつと考えていただいても差

し支えありません．そして

　　　　激・長　　激・短　　穏・長　　穏・短

の4組に優先順位をつけていただきます．迷うのは

　　　　激・短　と　穏・長

のどちらを優先するかだけです．ここでは，「穏・長」に軍配をあげたとしましょう．この結果を一覧表にして，点数を求めたのが表4.13の中段です．

　最後には，全員の任務が等しかったものとみなして，扶養家族と期間の長さの組みあわせについて，同様な作業をしてください．その結果が表4.13の下段のとおりになったとしましょう．これで，やっかいな作業は終了です．この3つの表から，それぞれの点数を集計すると

$$\left.\begin{array}{l} 有 = 5 + 5 = 10 \quad 無 = 1 + 1 = 2 \\ 激 = 4 + 4 = 8 \quad 穏 = 2 + 2 = 4 \\ 長 = 5 + 4 = 9 \quad 短 = 1 + 2 = 3 \end{array}\right\} \tag{4.9}$$

となり，すべてのウエイトが求められました．あとは，帰国を希望する兵隊，各人ごとに点数を計算し，点数の高いほうから帰国させればいいはずです．

　一例として，3人の兵隊について点数を求めて表4.14にしてみましたから，ごらんください．なお，表にはアイテムとかカテゴリーとか，ひごろ耳なれない用語を使っています．アイテムは項目，カテゴリーは区分とでも書いてもいいのですが，数量化に関する文献にはこのような用語を使うことが多いので，紹介しておきました．

　以上が，ガットマンという人が提案した方法のあらましであり，当時としては画期的な発想だったようです．

表 4.14 各人の点数はこうなる

アイテム	扶養家族		任　務		期　間		点数	優先順位
カテゴリー	有	無	激	穏	長	短		
ウエイト	10	2	8	4	9	3		
杉　　軍曹	✓		✓			✓	21	2
桜　　伍長	✓			✓	✓		23	1
桧　　一等兵		✓	✓		✓		19	3

ところで，式(4.9)を見ると，おもしろいことに気がつきます．扶養家族があるか否かによっては，

　　　$10 - 2 = 8$ 点

の差ができるし，任務が激戦であったか平穏であったかによっては

　　　$8 - 4 = 4$ 点

の差がつき，母国を出てからの期間が長いか短いかによって

　　　$9 - 3 = 6$ 点

の差が生じます．それなら，要するに

　　　扶養家族　任務　期間

に対して

　　　$8 : 4 : 6$ すなわち $4 : 2 : 3$

のウエイトを与えたにすぎないではありませんか．その証拠として，表 4.15 を見てもらいましょうか．表 4.14 に登場した 3 人の兵隊について，「有」に該当すれば 4 点，「激」に該当すれば 2 点，「長」に該当すれば 3 点を与えてウエイトつき得点を求めてみたところ，表 4.14 とぴったり同じ優先順位になっています．そのくらいなら，ガットマンさんが提案しためんどうな手順を省略して，「扶養家族」，「任務」，「期間」の 3 項目をならべ，デルファイ法の

表 4.15 ウエイトが決まれば，このとおり

評価の項目	家族有	任務激戦	期間長	ウエイトつき得点	優先順位
ウエイト	4	2	3		
杉　軍曹	✓	✓		4 + 2 = 6	2
桜　伍長	✓		✓	4 + 3 = 7	1
桧　一等兵		✓	✓	2 + 3 = 5	3

助けを借りて，いっきにウエイトの配分を決めてしまってもよさそうな気がします．

けれども，多くの候補者をならべていっきに序列をつけるより，めんどうでも一対比較法を使用して序列をつくり出すほうが正確な作業になると第2章に書いてあったこと，また数ページ前には，家族旅行，車の購入，株への投資などの項目にいっきにウエイトを配分するのではなく，なん段階かの手間をかけてウエイトを決めていったことを思い出していただきたいのです．いずれは人間の経験と勘に頼って，どちらかに軍配をあげたりウエイトを配分することが必要であるにしろ，茫漠とした状況のままでやみくもに決心するのではなく，一段階でも二段階でも状況を分解して，単純にしたうえで決めていくほうが判断の誤りが少なく，正しい答に近づくであろうことは多言を要しません．そして，これこそ科学的な態度というものです．

数量化について話をするとき，いずれどこかの段階で人間の経験と勘に頼って「えい，やっ」と決めなければならないのだから……と，数量化の技術を侮る人も少なくないのですが，それは心得ちがいというものでしょう．そういう意味で，ガットマンの手順は，古典的であるとはいえ，学ぶところが多いにちがいありません．

5. 数学のたすけを借りる

数学のたすけを借りて

　人間の脳細胞は，140億個もあるそうです．実際には，そのうちのほんの一部分しか使っていないという説もありますが，それにしても，140億個は気の遠くなるような量です．人工知能の研究が進み，チェスや囲碁ではコンピュータがチャンピオンに勝つような時代になっていますが，私はまだまだ人間の脳の足元にも及ばないと思っています．

　こういうわけですから，人間の頭脳は，コンピュータなどには及びもつかないほど優れた一面をもっています．とくに，経験と知識に裏打ちされた瞬時の判断は，数学やコンピュータを駆使して大さわぎのすえに到達した結論と大差のないことが少なくありません．

　前章までずっと，私たちは経験と知識に裏打ちされたこのような判断にお世話になりっぱなしでした．一対比較法で対決する歌手のいっぽうに軍配をあげたときも，危険な仕事の伴侶として信頼のお

ける仲間を選んだときも，ゴルフやボーリングのスコアを五段階評価するための基準をつくったときも，現在を楽しむことと将来に備えることにウエイトを配分したときも，経験と知識に裏打ちされた常識によって判断をくだしていたのでした．

そのうえ，ひとりだけの判断では心細いので，数人の有識者の知恵を借りたりもしました．1人の脳細胞でさえ140億個もあるのですから，デルファイ法の手法を真似て数人の有識者の知恵を総合した判断は，じゅうぶんに信用できるにちがいありません．

けれども，前章の最後にも書いたように，茫漠とした状況のままでこのような判断を行なうのではなく，少しでも状況を整理して単純化したうえで判断をくだすのが，判断をいっそう正確にするこつです．そして，ここまでの140ページあまりを，そのための手順を紹介することに費やしてきたわけです．この章では，さらに一歩前進して，茫漠とした状況を整理するための数学的な手法をご紹介しようと思います．統計数学を駆使した数量化の手法がめざましい進歩をとげた今，どうしてもこれらの手法に触れないわけにはいかないのです．

けれども，これらの数学的な手法は，実は，あまり簡単ではありません．考え方はそうむずかしくはないのですが，計算にやたらと手間がかかるところが難点です．そこで，手計算でも答が出せるようなごく簡単な例を使いながら，考え方をご紹介していこうと思います．

都会に住む少年たちは，クワガタやカブト虫に息をのみ，目を輝かせます．鋭く形のよい角，黒光りする翅（はね），幻想の世界から抜け出してきたのではないかと見まがうばかりの肢体，少年たちはその中

にたくさんの夢を見るのでしょう．

その夢を，すぐ数学の題材にしてしまう私も悪いけれど，もっと悪いのは，その夢でひと儲けを企む人たちです．ある男が，クワガタを都会の少年たちに売って商いにしようともくろみました．問題は値段のつけ方です．小さいクワガタよりは大きなクワガタのほうが高く売れるでしょうし，また元気のいいクワガタのほうが弱ったクワガタよりはいい値がつくとは思うのですが，大きさと元気さにどのようにウエイトを配分したらいいのでしょうか．

そこで，手掛かりを得るために，7匹のクワガタを街頭にならべて少年たちに値段をつけてもらいました．その結果が表5.1です．aというクワガタは大きく元気だったので1,200円で売れたのですが，bというクワガタも同様に大きくて元気だったにもかかわらず1,100円の値段しかつきませんでした．きっと，形や色つやに差があったのでしょう．また，cとdや，eとfも，大きさと元気さの条件が同じなのに値段が異なります．やはり，クワガタの値段は大きさと元気さだけで決まるわけではなさそうです．けれども，たくさんの要因をとり込めばとり込むほど加速度的にとり扱いが不便になりますから，とりあえずは，大きさと元気さだけが値段に大きく影響すると考えることにします．

では，表5.1に示された実績を踏まえて，大・小および元・弱のカテゴリーが，どのようなウエイトをもっているかを解明していきま

表5.1 こういう実績があるとする

	大きさ	元気さ	値 段
a	大	元	1,200 円
b	大	元	1,100 円
c	大	弱	900 円
d	大	弱	700 円
e	小	元	1,000 円
f	小	元	900 円
g	小	弱	500 円

しょう.

まず,各カテゴリーごとのウエイトを

$$\text{大きさ} \begin{cases} 大: x_1 \\ 小: x_2 \end{cases} \qquad \text{元気さ} \begin{cases} 元: y_1 \\ 弱: y_2 \end{cases}$$

とします.この場合,ウエイトというよりは,大きいことによって x_1 の値段が生じ,元気なことが y_1 の値段を生むと考えたほうがてっとりばやいかもしれません.そして,クワガタの値段は,大きさと元気さのたし算で決まるとして話をすすめましょう.そうすると,a と b は,大きさで x_1,元気さで y_1 の値段が生じるのですから,合計して $x_1 + y_1$ の値段がつくと予測されるはず,というわけです.なお,表5.2の実績の欄が,ゼロを2つ省略して百円単位の数字にしてあるのは,計算を簡単にするための配慮にすぎません.

これで準備は整いました.大・小・元・弱の4つのカテゴリーが,x_1, x_2, y_1, y_2 というウエイトをもつなら,クワガタくんの a と b は,$x_1 + y_1$ という値段がつくはずなのに,実際には12と11とが

表5.2 ウエイトを求めるために

アイテム	大きさ		元気さ		予想値 E_i	実績値(百円) D_i
カテゴリー	大	小	元	弱		
ウエイト	x_1	x_2	y_1	y_2		
a	✓		✓		$x_1 + y_1 = E_a$	12
b	✓		✓		$x_1 + y_1 = E_b$	11
c	✓			✓	$x_1 + y_2 = E_c$	9
d	✓			✓	$x_1 + y_2 = E_d$	7
e		✓	✓		$x_2 + y_1 = E_e$	10
f		✓	✓		$x_2 + y_1 = E_f$	9
g		✓		✓	$x_2 + y_2 = E_g$	5

つけられました.また,クワガタくんの c と d には,$x_1 + y_2$ という値段がつくと予想されたのに,ほんとうには9と7という値段がついたのです.さらに……以下,省略…….それはきっと,クワガタの値段には大きさと元気さのほかにも影響するアイテムがあるのでしょう.けれども,この際,それを無視して x_1, x_2, y_1, y_2 のウエイトを決め,それによってクワガタの値段を予想しようとするなら,予想値と実績値の差ができるだけ小さくなるように,これらのウエイトを決めたいものです.それには,どうすればいいか…….

差の2乗の合計を最小にする

クワガタ a の値段の予想値は

$$E_a = x_1 + y_1$$

であり,実績値は

$$D_a = 12$$

ですから,予想値と実績値の差は

$$E_a - D_a = x_1 + y - 12 \tag{5.1}$$

です.同様に,クワガタ b の予想値と実績値の差は

$$E_b - D_b = x_1 + y_1 - 11 \tag{5.2}$$

となります.同じように,クワガタ c, d, e, f, g についての予想値と実績値との差は

$$E_c - D_c = x_1 + y_2 - 9 \tag{5.3}$$

$$E_d - D_d = x_1 + y_2 - 7 \tag{5.4}$$

$$E_e - D_e = x_2 + y_1 - 10 \tag{5.5}$$

$$E_f - D_f = x_2 + y_1 - 9 \tag{5.6}$$

$$E_g - D_g = x_2 + y_2 - 5 \tag{5.7}$$

で表わされます。私たちは、式(5.1)から式(5.7)までの7つの値を総合して最も小さくしなければなりません。そのためには

$$\begin{aligned} Y &= (E_a - D_a)^2 + (E_b - D_b)^2 + (E_c - D_c)^2 + (E_d - D_d)^2 \\ &\quad + (E_e - D_e)^2 + (E_f - D_f)^2 + (E_g - D_g)^2 \\ &= \sum (E_i - D_i)^2 \end{aligned} \tag{5.8}$$

が最小になるように、x_1, x_2, y_1, y_2 を決めようと思います。

ここで、7つの値をわざわざ2乗してから加えあわせるような煩雑なことをしなくても、7つの値をそのまま加えあわせればよさそうなものではないか、つまり

$$Y = \sum (E_i - D_i)^2 \qquad \text{(5.8)もどき}$$

を最小にするまでもなく

$$Z = \sum (E_i - D_i) \tag{5.9}$$

を最小にすればじゅうぶんではないかと不服に思われる方は、図5.1を見ていただきましょうか。●印で表わしてあるのがクワガタ a から g までの値段の実績値です。そして、太い黒線がこれから求めようとする予想値であり、x_1, x_2, y_1, y_2 という4つの未知数の組みあわせで、実績値との差をできるだけ小さくするような4段階の予想値が得られるであろうことを示しています。

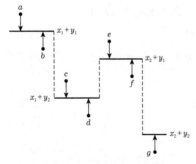

図5.1　差の2乗を合計するわけ

ここで、予想値と実績値の差は矢印の長さで表わされ、

この矢印が上を向いていれば差はプラスの値，下を向いていれば差はマイナスの値であることが人目を引きます．それなら，$E_i - D_i$ の 7 つの値を加えあわせた値を最も小さくするには，プラスの値とマイナスの値が互いに打ち消しあってゼロになるようにすればいいはずです．すなわち

$$Z = \sum (E_i - D_i) = 0 \tag{5.10}$$

が成立するように，x_1, x_2, y_1, y_2 を決めればいいことになります．この式の左辺に，式(5.1)から式(5.7)までを代入して整理すると

$$4x_1 + 3x_2 + 4y_1 + 3y_2 - 63 = 0 \tag{5.11}$$

となるのですが，この方程式ひとつでは，4 つの未知数を決めることができません．たとえば

$$\begin{cases} x_1 = +4.5 \\ x_2 = +4.5 \\ y_1 = +4.5 \\ y_2 = +4.5 \end{cases} \quad \begin{cases} x_1 = 1億 + 9 \\ x_2 = 1兆 + 9 \\ y_1 = -1億 \\ y_2 = -1兆 \end{cases} \quad \begin{cases} x_1 = 54 \\ x_2 = 72 \\ y_1 = -45 \\ y_2 = -63 \end{cases} \quad \text{etc}$$

などの組みあわせのどれもが式(5.11)を成立させてしまうではありませんか．* 1 億とか 1 兆とかの値は論外ですから，せめて 4 つの未知数をすべて 4.5 とした場合を図 5.2 に例示してみましたが，図中に黒線で記入した予想値は，a から g までの実績の平均値にすぎず，このように，

---

* 未知数の個数より方程式の個数が少ないときは，一般的には方程式が成立するような答がたくさん見つかり，答を確定することができません．これを，**不定**といいます．逆に，未知数より方程式のほうが多すぎると，一般的には，ある方程式を満足させると別の方程式が成立しないという矛盾が発生して答を決めることができません．これを，**不能**といいます．詳しくは『方程式のはなし【改訂版】』，183 ページ以降をどうぞ……．

$$Z = \sum(E_i - D_i) \qquad \text{(5.9)と同じ}$$

を最小にするという操作は，屁のつっぱりにもならないのです．
そこで，改めて

$$Y = \sum(E_i - D_i)^2 \qquad \text{(5.8)もどきと同じ}$$

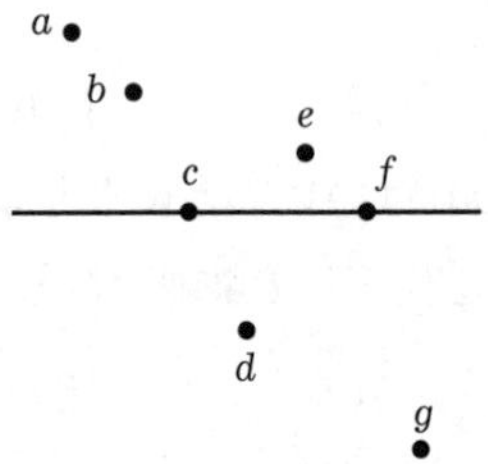

を最小にするところへたち戻ります．もういちど図5.1を見ながら考えていただきたいのですが，実績値が予想値からプラスのほうにはずれようと，マイナスのほうにはずれようと，はずれっぷりから見れば同じことですから，はずれっぷりを評価

図 5.2 差の合計を最小にするなら

するためには差を2乗してマイナスの符号を消してしまうことは理にかなっています．また，こうして2乗した値を加えあわせるのですから，こんどはゼロになる気遣いはありません．心ゆくまでYの値を小さくするための努力ができそうで，楽しみです．

シコシコと計算する

さっそく，努力を開始します．まず，式(5.8)の右辺に，式(5.1)から式(5.7)までの値を代入します．

$$\begin{aligned}Y = &(x_1+y_1-12)^2 + (x_1+y_1-11)^2 + (x_1+y_2-9)^2 \\ &+ (x_1+y_2-7)^2 + (x_2+y_1-10)^2 + (x_2+y_1-9)^2 \\ &+ (x_2+y_2-5)^2 \end{aligned} \qquad (5.12)$$

この右辺を，シコシコと計算してゆきます．計算は，中学2年か中学3年くらいでこなせる程度のむずかしさですが，やたらと行数

をくうので途中を省略して先を急ぐと,

$$Y = 4x_1^2 + 3x_2^2 + 4y_1^2 + 3y_2^2 + 4x_1y_1 + 4x_1y_2 + 4x_2y_1$$
$$+ 2x_2y_2 - 78x_1 - 48x_2 - 84y_1 - 42y_2 + 601 \quad (5.13)$$

となります.

この Y をできるだけ小さくするような,x_1, x_2, y_1, y_2 を求めるために,ここで,この Y を x_1, x_2, y_1, y_2 のそれぞれについて偏微分しなければなりません.偏微分ということについて補足しますと,たとえば x_1 で偏微分するなら,x_1 以外の未知数はすべて定数とみなして x_1 で微分すればいいのです.なぜ偏微分などをするのかについては,あとでいい訳をするまで待っていただき,さっそく作業にかかります.

$$\left.\begin{aligned}
\frac{\partial Y}{\partial x_1} &= 8x_1 + 4y_1 + 4y_2 - 78 \\
\frac{\partial Y}{\partial x_2} &= 6x_2 + 4y_1 + 2y_2 - 48 \\
\frac{\partial Y}{\partial y_1} &= 8y_1 + 4x_1 + 4x_2 - 84 \\
\frac{\partial Y}{\partial y_2} &= 6y_2 + 4x_1 + 2x_2 - 42
\end{aligned}\right\} \quad (5.14)$$

これらの4つの式を,それぞれゼロに等しいとおき,定数は右辺に移項して整理をします.

$$\left.\begin{aligned}
4x_1 \quad\quad\quad + 2y_1 + 2y_2 &= 39 \quad ① \\
3x_2 + 2y_1 + \ y_2 &= 24 \quad ② \\
x_1 + x_2 + 2y_1 \quad\quad &= 21 \quad ③ \\
2x_1 + x_2 \quad\quad + 3y_2 &= 21 \quad ④
\end{aligned}\right\} \quad (5.15)$$

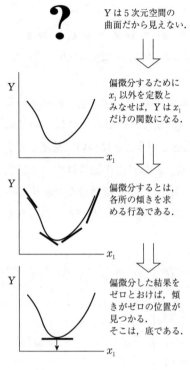

図5.3 偏微分を注釈すれば

この4つの式を連立して解き、4つの未知数を求めるのですが、その前に、Yを偏微分してゼロに等しいとおいたことの意味について注釈を加えようと思います。

図5.3を見ながらつきあってください。Yは、x_1, x_2, y_1, y_2の関係でしたから、5次元空間の中に描かれる曲面であり、目には見えませんし、図に描くこともできません。けれども、x_1以外をすべて定数とみなしてしまえば、Yはx_1だけの関数ですから、2次元の平面内にその姿を現わします。そして、x_1で偏微分するということは、その2次元の平面内でYを表わす曲線の傾きを全域にわたって求める行為にほかなりません。したがって、偏微分した結果をゼロとおいてx_1の値を求めれば、そこはYを表わす曲線の傾きがゼロの位置、つまりYが最も小さくなる位置であるにちがいないのです。

式(5.14)では、いちばん上の式でYが最も小さくなるx_1を求めると同時に、2番めの式ではYが最も小さくなるx_2、3番めの式では同様なy_1、4番めの式では同じくy_2をいっきに求めようとして

いるのですから、これはたいしたものです。式(5.15)を連立方程式とみなして4つの未知数を求めれば、それはYを最小にする x_1, x_2, y_1, y_2 であるに相違ありません。*

では、式(5.15)を連立して解いてゆきましょう。解いてゆく手順はまったく随意ですが、たとえば式(5.15)の③と④から

$$y_1 = (21 - x_1 - x_2)/2 \qquad ⑤$$
$$y_2 = (21 - 2x_1 - x_2)/3 \qquad ⑥$$

を求め、これらを①に代入して整理すると

$$x_1 - x_2 = 12/5 \qquad (5.16)$$

が求められます。つづいて⑤と⑥を②に代入して x_1 と x_2 だけの式をつくり、それを式(5.16)と連立して解けば x_1 と x_2 が求められるはず、と期待に胸をはずませて⑤と⑥を②に代入して整理すると、現われる式はなんと①に代入したときと同じ

$$x_1 - x_2 = 12/5 \qquad (5.16)と同じ$$

です。同じ式が現われるということは、y_1 と y_2 が決まったあとでは①と②とが同じものであることを意味します。さあ、たいへんです。見かけじょうは4つの式がならんでいる式(5.15)は、ほんとうは3つぶんの価値しかなく、連立式を解くためには式の数が不足なのかもしれません。

念のために、こんどは①と②から

$$x_1 = (39 - 2y_1 - 2y_2)/4 \qquad ⑦$$

---

* 偏微分の意味をもっと正確に知りたい方、なかんずく本文の説明ではYを最小にする未知数を求めているとは限らず、ひょっとすると最大にしてしまうのではないかとご心配のむきは、拙著『微積分のはなし(上)(下)【改訂版】』を一読してくださるよう……。

$$x_2 = (24 - 2y_1 - y_2)/3 \qquad ⑧$$

を求め，これを③に代入して整理すると

$$y_1 - y_2 = 39/10 \qquad (5.17)$$

が得られますが，⑦と⑧を④に代入して整理しても，やはり

$$y_1 - y_2 = 39/10 \qquad (5.17) と同じ$$

となってしまいます．やはり，式(5.15)は方程式が3つしかないのです．これでは，155ページの脚注に書いたように不定になってしまって，x_1, x_2, y_1, y_2 を求めることができないではありませんか．万事窮す，です．*

ここで気をとり直して，152ページの表5.2を見直していただきたいのです．予測値 E_i の欄をごらんください．E_a から E_g までの7つの値はどれも，x_1 か x_2 のどれかと，y_1 か y_2 のいずれかの和になっています．x どうしや y どうしの和であることは決してありません．したがって，7つの E_i どうしの差は，x_1 と x_2 の差と y_1 と y_2 の差によって生ずるのであり，

$$x_1 - x_2 = 12/5 = 2.4 \qquad (5.16) と同じ$$
$$y_1 - y_2 = 39/10 = 3.9 \qquad (5.17) と同じ$$

が決まりさえすれば，あとはどうでもいいはずです．いや，どうでもいい，はちょっといい過ぎでした．x グループのひとつと y グループのひとつの和が予測値をつくり出すのですから，適切な値を

---

* 式(5.15)の左辺を行列式に直して計算してみると

$$\begin{vmatrix} 4 & 0 & 2 & 2 \\ 0 & 3 & 2 & 1 \\ 1 & 1 & 2 & 0 \\ 2 & 1 & 0 & 3 \end{vmatrix} = 0$$

となります．これでは，この連立方程式は解けません．興味のある方は『行列とベクトルのはなし【改訂版】』，145ページをご参照ください．

はさんで一方が大きければ他方は小さくなって，バランスをとらなければなりません．いずれにせよ，図 5.4 のように x グループと y グループが適切な値を中心に配置されていればよく，x_1, x_2, y_1, y_2 のすべてを決める必要はないのです．これなら，方程式がひとつ不足でもなんとかなりそうです．

では，とりあえず 4 つの未知数のうち末弟の y_2 をゼロとしてみましょう．

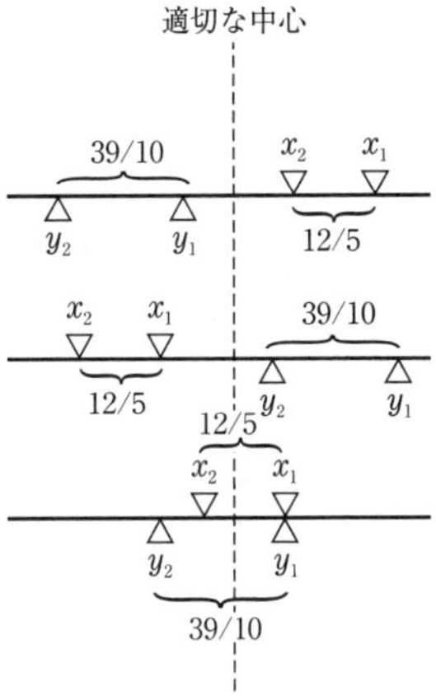

$$y_2 = 0$$

図 5.4　どれでも正解

なら，式 (5.17) によって

$$y_1 = 39/10$$

です．この y_1 と y_2 の値を式 (5.15) の①と②に入れると，x_1 と x_2 がわけもなく求められます．

$$\left.\begin{array}{l} x_1 = 39/5 = 7.8 \\ x_2 = 27/5 = 5.4 \\ y_1 = 39/10 = 3.9 \\ y_2 = 0 \end{array}\right\} \quad (5.18)$$

となり，あっという間に答が見つかったではありませんか．念のために，これらの答を式 (5.15) に代入して検算してみてください．ちゃんとあっていますから……．なんだか，狐につままれたような，と怪訝な顔をされる方は，4 つの未知数のうち長兄の x_1 をゼロとおき，式 (5.16) と式 (5.15) の②と③とを使ってみませんか．たちまち

$$
\left.\begin{array}{l}
x_1 = 0 \\
x_2 = -2.4 \\
y_1 = 11.7 \\
y_2 = 7.8
\end{array}\right\} \tag{5.19}
$$

が求められ，検算をしてみるとちゃんとあっています．

実は，図 5.4 の中段は式(5.19)，下段は式(5.18)，上段は x_1 を 7 とした結果を示しています．そして適切な中心は，どうでもいいことですが，2.275 です．こうして，式(5.15)の連立方程式を満足する答はいくらでも無限に求められます．まさしく，不定です．けれども，私たちの目的には，これでじゅうぶん間にあうのですから，ごっつぁん，です．

問題解決──数量化Ⅰ類

前節まで苦労を重ねた甲斐があって，やっとクワガタの値段を決めるための 4 つの未知数が求められました．さっそく，これらの値をあてはめて，予想値を求めてみたのが表 5.3 です．上段は式(5.18)の結果を使ったもので，もちろんこれだけでもいいのですが，式(5.19)の結果を使っても予想値が一致することを示したくて，それを下段にならべておきました．これによって

大きくて元気なクワガタ　　1,170 円

大きくて弱ったクワガタ　　780 円

小さくて元気なクワガタ　　930 円

小さくて弱ったクワガタ　　540 円

と見積もればいい，とわかりました．そのうえ，

5. 数学のたすけを借りる

表 5.3　ウエイトはこう決まった

アイテム	大きさ		元気さ		実績値
カテゴリー	大	小	元	弱	(百円)
ウエイト	7.8	5.4	3.9	0	
大きい元気なクワガタ	✓		✓		11.7
大きい弱ったクワガタ	✓			✓	7.8
小さい元気なクワガタ		✓	✓		9.3
小さい弱ったクワガタ		✓		✓	5.4
ウエイト	0	-2.4	11.7	7.8	予測値
大きい元気なクワガタ	✓		✓		11.7
大きい弱ったクワガタ	✓			✓	7.8
小さい元気なクワガタ		✓	✓		9.3
小さい弱ったクワガタ		✓		✓	5.4

$x_1 - x_2 = 2.4$, $y_1 - y_2 = 3.9$

であることから，クワガタは「大きさ」よりも「元気さ」のほうに1.6倍以上もの価値があり，したがって大きなクワガタを見つけることに熱中するより，とったクワガタを弱らせないくふうをするほうがいい，とわかったのも儲けものでした．それにしても，長い計算におつきあいいただき，いやー，ご苦労さまでした．

ところで，こんなに手数をかけてクワガタの値段を見積もっただけでは間尺にあわない，という方のために練習問題をさしあげましょう．

企業は人なり，というくらいですから，どこの会社でも人事担当者の最大の関心事は，将来有望な優れた人材を確保することです．それにつけても，採用試験のとき学科試験と面接試験にウエイトを

表 5.4 これだけのデータがある

氏名	学科試験	面接試験	入社後の実績
菅野	優	優	7
沢村	優	優	5
太田	優	並	3
高木	並	優	6
小林	並	優	4

どう配分すれば将来有望な人材を選び出すことができるかが悩みの種です．そこで，過去に採用した5名の社員について，試験の成績と入社後の実績を調べてみたのが，表5.4です．

この結果から，入社後の活躍ぶりを正しく予測するためには，学科試験の優と並，および面接試験の優と並にどのようなウエイトをつければいいかを求めてください．さらに，もしも学科と面接がともに並の志願者を採用すれば，入社後にどのくらいの実績を期待できるでしょうか．答は193ページの脚注に書いてありますが，できることなら各人で計算していただきたいものです．

クワガタの例では，アイテムが「大きい」と「元気さ」の2つ，カテゴリーが「大」，「小」，「元」，「弱」の4つなので，ウエイトを表わす未知数は x_1, x_2, y_1, y_2 ですみました．また，表5.4の入社試験のウエイト付けも，アイテムは「学科」と「面接」の2つ，カテゴリーはそれぞれのアイテムについて「優」と「並」の計4つですから，ウエイトを求めるための未知数も4つですむはずです．けれども，現実の問題としては，社員の採用にあたっては，もっと細かい配慮が必要でしょう．もし，アイテムとして

　　　学力，体力，人物

データをもらって……それがⅠ類

を選び，それぞれのアイテムについて

　　　　秀，優，並

のカテゴリーを使うとすれば，9個の未知数を使わなければなりません．しかも，過去の実績もたった5人ぶんではなく数十人のデータが利用できるかもしれません．そうすると計算の手数は，かなりのものになってしまい，手計算で答が出せるのは，このくらいが限度のように思われます．

　数量化の技法は，たとえば顧客満足度(CS)調査やブランドイメージ調査の解析，もっと親近感がわくものでは，食品会社による食生活に関するアンケート結果の解析など，さまざまなところで活用されています．これらの調査になると，回答数はもちろん，アイテム数，カテゴリー数も膨らむので，ExcelやR，統計専用のソフトウェアのたすけを借りなければ手も足も出ないのが残念なところです．

ところで,クワガタの値段を見積もるときには,7匹の実績値を手掛かりにしました.また,採用試験の学科と面接のウエイトを決める練習問題では,5人の入社後の実績が与えられていました.いずれの場合も,数値で与えられたデータがあり,そのデータを最大限に利用し,またそれらのデータどうしの矛盾を最小にするようにウエイトを決めていました.このような数量化の方法は,**数量化Ⅰ類**と呼ばれます.

グループの差をきわだたせる

数量化Ⅰ類があれば,少なくとも数量化Ⅱ類があるはずです.Ⅱ類はたとえば,つぎのような場合です.クワガタは田舎でとれるのですが,しかし地元では高くは売れません.ぜひとも都会まで輸送して高く売りたいのですが,困ったことに輸送の途中で何割かのクワガタが死んでしまいます.そこで,どのようなクワガタが死にやすいかを知るために,4匹のクワガタを輸送してみたところ,表5.5のような結果を得ました.この結果から,「死にやすさ」をなるべくはっきりと予告するようなウエイト付けを考えてください.いったい,どのようなウエイトの配分になるでしょうか.あれやこれやと思索して,大よその見当をつけてみるのも楽しいものです.

表5.5 これだけの実績がある

クワガタ	大きさ	元気さ	輸送後の生死
p	大	元	生
q	大	元	死
r	小	元	生
s	小	弱	死

表5.5を151ページの表5.1と較べてみると,数量化Ⅱ類の特徴がわかりま

す.表5.1は数量化Ⅰ類の例題でしたが,そこでは実績が,1,200円,1,100円,……というような数値で与えられていたのに,こんどはそのかわりに「生」と「死」という分類だけが与えられています.このように,実績が分類だけで与えられることは,現実問題としても決して珍しくありません.採用試験の結果は「合格」と「不合格」に分類されるだけですし,「成功」と「不成功」,「有罪」と「無罪」,「勝ち」と「負け」など,いくらでも思いつくではありませんか.このように,分類で与えられたデータを頼りにウエイトを決める手法を**数量化Ⅱ類**というのです.

さて,問題に戻ります.各カテゴリーごとのウエイトを

$$\text{大きさ} \begin{cases} \text{大}:x_1 \\ \text{小}:x_2 \end{cases} \quad \text{元気さ} \begin{cases} \text{元}:y_1 \\ \text{弱}:y_2 \end{cases}$$

としましょう.そうすると,4匹のクワガタの予想値は表5.6のとおりであったはずなのに,現実にはpとrが生き残り,qとsが死んでしまいました.そこで,実績の欄にあるように

　　L　は　生き残り

　　D　は　死亡

表5.6　ウエイトを求めるために

アイテム	大きさ		元気さ		予想値	実績
カテゴリー	大	小	元	弱		
ウエイト	x_1	x_2	y_1	y_2		
p	✓		✓		$x_1 + y_1$	L
q	✓		✓		$x_1 + y_1$	D
r		✓	✓		$x_2 + y_1$	L
s		✓		✓	$x_2 + y_2$	D

を表わすことにすると

$$\text{L グループは} \begin{cases} x_1 + y_1 \\ x_2 + y_1 \end{cases}$$

$$\text{D グループは} \begin{cases} x_1 + y_1 \\ x_2 + y_2 \end{cases}$$

であり,したがって

$$\text{L グループの平均} = \overline{L} = \frac{1}{2}(x_1 + x_2 + 2y_1) \tag{5.20}$$

$$\text{D グループの平均} = \overline{D} = \frac{1}{2}(x_1 + x_2 + y_1 + y_2) \tag{5.21}$$

となります.そして私たちは,この $\overline{L}$ と $\overline{D}$ の差をなるべく目だたせるように,4つの未知数を決めようと思います.そのためには

$$\frac{\overline{L} \text{と} \overline{D} \text{のばらつき}}{\text{全体のばらつき}}$$

を最大にするような未知数を見いだせばよさそうです.なにしろ,4つの予想値のばらつきと較べて $\overline{L}$ と $\overline{D}$ のばらつきが大きいほど,LグループとDグループとが明確に区別されるにちがいないからです.

ばらつきを表わすいくつかの値のうち,いちばんよく利用されるのは**分散**です.たとえば,z_1, z_2, z_3, z_4 という4つのデータがあるとすると,その分散は

$$\{(z_1 - \overline{z})^2 + (z_2 - \overline{z})^2 + (z_3 - \overline{z})^2 + (z_4 - \overline{z})^2\}/4$$

$$\text{ただし} \quad \overline{z} = (z_1 + z_2 + z_3 + z_4)/4$$

で表わされ,これを平方に開いた値が標準偏差であることは,ご存知の方が多いでしょう.

こういうわけですから，私たちはばらつきを表わす値として分散を採用し，

$$R = \frac{\overline{L}と\overline{D}の分散}{全体の分散} \tag{5.22}$$

が最大になるように，x_1, x_2, y_1, y_2 の値を決めていくことにします．なお，R は**相関比**と呼ばれ，$0 \sim 1$ の値になり，1に近いほど2つのグループがはっきりと分離していることを示しています．

またもや，シコシコ

またもや，シコシコと計算をしなければなりません．計算を追いかけるのが億劫な方は，式(5.22)を求め，それを4つの未知数でそれぞれ偏微分をしてゼロに等しいとおき，それらの方程式を連立して解き，x_1, x_2, y_1, y_2 の関係を見つけるだけのことさ，と納得して，この節をパスしていただいても差し支えありません．

では，億劫でない方とごいっしょに，シコシコを始めましょう．まず，4つの予想値の平均値 m を求めておきます．これはまた，$\overline{L}$ と $\overline{D}$ との平均値でもあります．

$$m = (2x_1 + 2x_2 + 3y_1 + y_2)/4 \tag{5.23}$$

つぎに，$\overline{L}$ と $\overline{D}$ の分散を計算します．

$$\overline{L}と\overline{D}の分散 = \{(\overline{L}-m)^2 + (\overline{D}-m)^2\}/2 \tag{5.24}$$

この右辺に，式(5.20)，式(5.21)，式(5.23)を代入すると，容易に

$$\overline{L}と\overline{D}の分散 = (y_1-y_2)^2/16 \tag{5.25}$$

が得られます．これを

$$\overline{L} \text{ と } \overline{D} \text{ の分散} = u/16 \tag{5.26}$$

と書いておきましょう．

つづいて，全体の分散，つまり 4 つの予想値の分散を求めます．

$$\begin{aligned}
\text{全体の分散} &= \{(x_1+y_1-m)^2 + (x_1+y_2-m)^2 + (x_2+y_1-m)^2 \\
&\quad + (x_2+y_2-m)^2\}/4 \\
&= \{2x_1^2 + 2x_2^2 + 3y_1^2 + y_2^2 + 4x_1y_1 + 2x_2y_1 + 2x_2y_2 \\
&\quad - m(4x_1+4x_2+6y_1+2y_2) + 4m^2\}/4
\end{aligned}$$

ここで，式(5.23)を代入して整理すると

$$\begin{aligned}
\text{全体の分散} &= \{4x_1^2 + 4x_2^2 + 3y_1^2 + 3y_2^2 - 8x_1x_2 + 4x_1y_1 \\
&\quad - 4x_1y_2 - 4x_2y_1 + 4x_2y_2 - 6y_1y_2\}/16 \tag{5.27}
\end{aligned}$$

となります．これを

$$\text{全体の分散} = v/16 \tag{5.28}$$

と書くことにします．そうすると，私たちが最大にしようとしている R は

$$R = \frac{u/16}{v/16} = \frac{u}{v} \tag{5.29}$$

で表わされます．

では，R を最大にするために，R をつぎつぎに x_1, x_2, y_1, y_2 で偏微分し，それをゼロに等しいとおいた 4 つの式を連立して解き，x_1, x_2, y_1, y_2 の値を求めることにしましょう．

$$\begin{aligned}
\frac{\partial R}{\partial x_1} &= \frac{\partial u}{\partial x_1} v - \frac{\partial v}{\partial x_1} u \\
&= -(8x_1 - 8x_2 + 4y_1 - 4y_2)u = 0 \tag{5.30}
\end{aligned}$$

同様に

$$\frac{\partial R}{\partial x_2} = -(8x_2 - 8x_1 - 4y_1 + 4y_2)u = 0 \tag{5.31}$$

$$\frac{\partial R}{\partial y_1} = (2y_1 - 2y_2)v - (6y_1 + 4x_1 - 4x_2 - 6y_2)u = 0 \tag{5.32}$$

$$\frac{\partial R}{\partial y_2} = (-2y_1 + 2y_2)v - (6y_2 - 4x_1 + 4x_2 - 6y_1)u = 0 \tag{5.33}$$

よく見ると,式(5.30)と式(5.31)は同じ式であり,また式(5.32)と式(5.33)とも同じ式です.4つもありそうに見えた方程式が,実は2つしかないのです.これでは,4つの未知数を求めることができないではありませんか.けれども,数量化Ⅰ類のときにも未知数よりも方程式のほうが少なかったにもかかわらず,必要な答が見つかったことを思い出して,こんどもうまくいくのではないかと期待しつつ,とにかく前へすすみます.

まず,式(5.30)の u に式(5.26)を代入して整理すると

$$(2x_1 - 2x_2 + y_1 - y_2)(y_1 - y_2)^2 = 0 \tag{5.34}$$

となりますが,これが成立するのは

$$y_1 - y_2 = 0$$
$$\therefore \quad y_1 = y_2 \tag{5.35}$$

の場合か

$$2x_1 - 2x_2 + y_1 - y_2 = 0$$
$$\therefore \quad 2(x_2 - x_1) = y_1 - y_2 \tag{5.36}$$

の場合です.そうすると,$y_1 = y_2$ なら $x_1 = x_2$ であり,ぜんぜんウエイトを求めたことにはなりませんから,$y_1 \neq y_2$ として式(5.36)だけを採用することにします.

つぎに,式(5.32)の u と v に式(5.26)と式(5.28)を代入して整理

すると

$$4x_1^2 + 4x_2^2 - 8x_1x_2 + 2x_1y_1 - 2x_1y_1 - 2x_2y_1 + 2x_2y_2 = 0$$

$$\therefore \quad 4(x_1-x_2)^2 + 2(x_1-x_2)(y_1-y_2) = 0$$

$$\therefore \quad 2(x_2-x_1) = y_1-y_2 \qquad (5.36)と同じ$$

となって、数行前に得た結果と同じになってしまいました。すなわち、せっかく偏微分をしてつくった4つの方程式からは、たった1つの関係しか得られなかったのです。

問題解決——数量化 II 類

シコシコと計算を繰り返したあげくに得たものは

$$2(x_2-x_1) = y_1-y_2 \qquad (5.36)と同じ$$

という関係ただひとつですが、この関係が満たされさえすれば

$$R = \frac{\overline{L}と\overline{D}の分散}{全体の分散} \qquad (5.22)と同じ$$

が最大になるというのですから、これでじゅうぶんです。この関係を満たすように、たとえば

$$\begin{cases} x_1 = 0 \\ x_2 = 2 \end{cases} \qquad \begin{cases} y_1 = 4 \\ y_2 = 0 \end{cases} \qquad (5.37)$$

と決めることにしましょう。そうすると

$$\text{L グループ} \begin{cases} x_1 + y_1 = 4 \\ x_2 + y_1 = 6 \end{cases}$$

$$\text{D グループ} \begin{cases} x_1 + y_1 = 4 \\ x_2 + y_2 = 2 \end{cases}$$

であり、

5. 数学のたすけを借りる

生か死か……それがⅡ類

$$L \text{ グループの平均} = \overline{L} = 5$$
$$D \text{ グループの平均} = \overline{D} = 3$$

であることがわかります．つまり，5点以上のクワガタは生き残りグループにはいる公算が大，3点以下のクワガタは死亡すると考えたほうがよく，4点くらいが五分五分というところです．

なお，167ページの表5.6の中には，大きくて弱ったクワガタのデータが1つもありませんでしたが，大きくて弱ったクワガタは生グループと死グループのどちらにはいるかを調べてみると

$$x_1 + y_2 = 0 + 0 = 0$$

ですから，このクワガタは輸送中に死ぬと予想せざるを得ないことがわかります．

ちなみに，$2(x_2 - x_1) = y_1 - y_2$ の関係さえ守られていれば，ウエイト付けは式(5.37)のとおりである必要はなく，

$$\begin{cases} x_1 = 1 \\ x_2 = 2 \end{cases} \quad \begin{cases} y_1 = 5 \\ y_2 = 3 \end{cases}$$

表 5.7 練習問題の手掛かり

アイテム	学科		面接		合否
カテゴリー	優	並	優	並	
ウエイト	x_1	x_2	y_1	y_2	
岡本	✓		✓		○
桜井	✓			✓	○
福田	✓			✓	×
田口		✓	✓		○
松本		✓	✓		×
高木		✓		✓	×

でも，これ以外でも，いっこうにかまいません．いずれの場合でも

$$R = \frac{\overline{L}と\overline{D}の分散}{全体の分散} = \frac{1}{2}$$

となります．そして，与えられた問題の条件下では，4つのウエイトをどうかえても，これ以上の相関比を得ることはできません．

最後に練習問題を書いておきますから，じっくりと楽しんでください．表5.7は，ある会社の入社試験の実績です．合格グループと不合格グループをはっきりと区別できるように，ウエイトを決めてください．答は，193ページの脚注にあります．

外的な基準がなくても

数量化Ⅰ類で示されたデータを頼りにウエイトを決め，数量化Ⅱ類では分類しか与えられていないデータを手掛かりにウエイトを求めたのでした．こんどは，数値や分類による外的データがいっさい

5. 数学のたすけを借りる

与えられていない惨めな場合をとり扱います.

どうでもいいような話で恐縮ですが, 仲良し6人組がディズニーランドに遊びに行ったときに, だれがどのアトラクションを楽しんだのかを記録したのが表5.8です. 左端の「フィルハーマジック」から右端の「ビッグサンダー・マウンテン」までの5種類のアトラクションのことは, いまさら説明の必要はないでしょう. どれもディズニーランドの人気アトラクションですし, なにせ, 年間3千万以上の方が訪れる巨大テーマパークなのですから. さて, この表から何がわかるでしょうか.

表5.8 このようなデータがある

	フィルハーマジック	スペース・マウンテン	ハニーハント	スプラッシュ・マウンテン	ビッグサンダー・マウンテン
関塚		✓		✓	
長澤				✓	✓
羽生		✓	✓		
兵働	✓				
山崎			✓		
米倉				✓	

この表からすぐわかることは, 5種類のアトラクションの中でいちばん人気があるのはスプラッシュ・マウンテンだとか, 3人は1種類のアトラクションだけに熱中していたのに, 他の3人は2種類のアトラクションをハシゴした, というくらいのことだけです. けれども私たちは, 数量化の問題にとり組んでいるのですから, それだけでは困ります. せめて, 仲良し6人組がどのようなアトラクションを好むか, という観点から順位をつけたいし, 5種類のアトラクションについては, だれに好まれるか, という立場から順位をつけたいものです. 順位をつけるということは, 前にも書いたように, 多次元空間内に位置するいくつかの点を1次元の直線上にならべかえてしまう操作であり, 数量化のもっとも基礎的な行為だから

表 5.9 行や列を入れかえると

	ビッグサンダー・マウンテン	スプラッシュ・マウンテン	スペース・マウンテン	ハニーハント	フィルハーマジック
長澤	✓	✓			
米倉		✓			
関塚		✓	✓		
羽生			✓	✓	
山崎				✓	
兵働					✓

です.

というわけで,表5.8のいくつかの行を入れかえてみたり,列どうしをとりかえたりの試行錯誤を繰り返しているうちに,きっと表5.9が得られるでしょう.こうしてみると,長・米・関・羽・山・兵という6人組のならび方と,ビッグサンダー・マウンテンからフィルハーマジックにいたる5種類のアトラクションのならび方の間に,はっきりとした**相関**が見つかります.では,ビッグサンダー・マウンテン,スプラッシュ・マウンテン,スペース・マウンテン,ハニーハント,フィルハーマジックというならび方はなんでしょうか.どうやら,スリルあるいは激しさの順のように思えます.

ビッグサンダー・マウンテンは,鉱山列車が大暴走してトンネルに突っ込んだり,岩肌をすり抜けたりとスリル満点ですし,スプラッシュ・マウンテンも,ラストの猛スピードでの滝つぼへの落下が,スリル満点です.これに対して,ミッキーのフィルハーマジックは,ドナルドがディズニー映画の世界を旅する3Dシアターですから,スリルやスピード感を体現することはありません.だから,ビッグサンダー・マウンテンからフィルハーマジックまでの5種類のアトラクションは,「スリルを体感できる」という基準で決められた順位でならんでいるとみなしていいでしょう.

そのため,長・米・関・羽・山・兵というならび方は,「スリル

満点なアトラクションを好む」という基準で決められた順位にちがいありません．こうして，5種類のアトラクションについても，仲良し6人組についても，ある基準に従った順位付けに成功しました．

この例は，6行×5列にすぎなかったので，試行錯誤によって表5.9のような相関を見つけるのは，そうむずかしくはありませんでした．けれども，行と列がもっと多くなると，人間の直感に頼った作業では手におえなくなります．そのときには，数学の力を借りなければなりません．それを簡単な例でご紹介しようと思うのですが，その前に**相関**ということについて補足させていただきます．政治家の黒い相関図，などと妙な使い方をされることもあって，相関の意味が誤解されていると話がこじれてしまうからです．

まず，図5.5を見てください．いちばん左の図では，5つのデータが●印で示されていますが，この●印はきれいに右上がりの直線上にならんでいます．つまり，xの増加につれてyも直線的に増加しています．このようなときに，xとyとの間には強い正の相関があるといいます．左から2番目の図では，5つのデータが一直線上にならんではいませんが，全体として見るとxの増加につれてyも増加する傾向が見られます．このようなとき，xとyとの間に弱

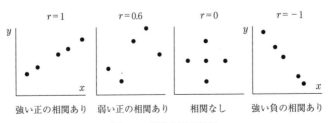

図5.5　相関を目で見る

い相関があるといいます.

これに対して,左から3番めの図では,xの増加につれてyが増加している気配もないし,かといって減少している様子も見えません.このようなとき,xとyの間には相関がないといいます.そして,右端の図では,xの増加につれてyが直線的に減少しているのが見られ,このようなときxとyの間に強い負の相関があるというのです.こういうわけですから,176ページの表5.9では,かなり強い負の相関がみられる,というのがほんとうでした.

ところで,数学的な立場にたつなら,相関の強さを「かなり」とか「弱い」とか表現するような,あいまいなことでは困ります.そこで,相関の強さを表わす尺度として**相関係数**を使います.相関係数はふつうrと書き,rは1から-1までの間の値です.1のときに最も強い相関があり,0に近づくにしたがって相関が弱くなり,0では完全に相関がなく,マイナスになると負の相関を意味し,-1で最も強い負の相関があることを示します.図5.5に相関係数の値を付記していますから,相関の強さを目でたしかめてください.

rは,数式で書くと

$$r = \frac{\sum(x_i-\overline{x})(y_i-\overline{y})}{\sqrt{\sum(x_i-\overline{x})^2 \cdot \sum(y_i-\overline{y})^2}} \tag{5.38}$$

で表わされます.式の格好がいかついので,見ただけでじんましんが出そうですが,実際に計算してみると,それが張り子のとらであることが見やぶれます.その実例として,図5.5の左から2番めのデータについてrを計算してみたのが,表5.10です.計算はすべて暗算ででき,ぜんぶの計算をするのに3分とはかからないでしょう.

表 5.10　相関係数の計算例

x_i	$x_i-\overline{x}$	$(x_i-\overline{x})^2$	y_i	$y_i-\overline{y}$	$(y_i-\overline{y})^2$	$(x_i-\overline{x})(y_i-\overline{y})$
1	-2	4	2	-1	1	2
2	-1	1	1	-2	4	2
3	0	0	4	1	1	0
4	1	1	5	2	4	2
5	2	4	3	0	0	0
$\overline{x}_i=3$		$\sum(x_i-\overline{x})^2=10$	$\overline{y}_i=3$		$\sum(y_i-\overline{y})^2=10$	$\sum(x_i-\overline{x})(y_i-\overline{y})=6$

$$r=\frac{\sum(x_i-\overline{x})(y_i-\overline{y})}{\sqrt{\sum(x_i-\overline{x})^2\cdot\sum(y_i-\overline{y})^2}}=\frac{6}{\sqrt{10\times 10}}=0.6$$

なお，式(5.38)を使うと，なぜ相関の強さを適切に表わすことができるかについては，興味のつきない思考過程があるのですが，それをご紹介している余裕のないのが心残りです．*

問題解決——数量化Ⅲ類

相関関係をご紹介して準備ができたところで，気分を新たにして列や行を入れかえながら，相関を最も強くするための数学的な方法をご説明するために節を改めました．

いま，表 5.11 のようなデータが手もとにあるとしましょう．表の書き方があまり見なれない形をしていますが，これはこの表をそのまま横軸が x，縦軸が y の座標として見なせるようにしたためです．さて，どうすれば x_i と y_i の相関が最も強くなるでしょうか．

---

* 式(5.38)を得るための思考過程は，『統計解析のはなし【改訂版】』，200ページに書いてあります．

表 5.11 こういうデータがある

	x_1	x_2	x_3
y_3		✓	
y_2			✓
y_1	✓		

しのごのいわずに y_2 の行と y_3 の行を入れかえれば，✓印が一直線上にならび，最も強い正の相関が得られるではないか，などと野次ったりしてはいけません．表 5.11 は，数学的な手続きをご説明するために，いちばん簡単な例を選んだのですから，その結論に到達するための，数学的な手続きを考えていただきたいのです．

表 5.11 の✓印の座標は

$$(x_1,\ y_1),\ (x_2,\ y_3),\ (x_3,\ y_2)$$

です．相関係数は

$$r = \frac{\sum(x_i-\overline{x})(y_i-\overline{y})}{\sqrt{\sum(x_i-\overline{x})^2 \cdot \sum(y_i-\overline{y})^2}} \quad (5.38) \text{と同じ}$$

でしたから，この r が最大か最小になるような x_i と y_i の組みあわせを見つければいいはずです．

さて，この式の分母を見てください．

$$\sum(x_i-\overline{x})^2 \quad \text{と} \quad \sum(y_i-\overline{y})^2$$

は，x_i や y_i の順序がどうであろうと同じ値になりますから，分母は x_i や y_i の順序には無関係の値です．したがって私たちは，分母のほうは気にとめる必要はなく，分子のほうを最大か最小にすればいいことになります．そこで，分子を計算してゆくと

$$\begin{aligned}
&\sum(x_i-\overline{x})(y_i-\overline{y}) \\
&= (x_1-\overline{x})(y_1-\overline{y}) + (x_2-\overline{x})(y_3-\overline{y}) + (x_3-\overline{x})(y_2-\overline{y}) \\
&= x_1y_1 + x_2y_3 + x_3y_2 - (y_1+y_2+y_3)\overline{x} - (x_1+x_2+x_3)\overline{y} + 3\overline{x}\,\overline{y}
\end{aligned}$$

$$(5.39)$$

となりますが，気をつけてみると，このうち

$$(y_1 + y_2 + y_3)\overline{x} \text{ も } (x_1 + x_2 + x_3)\overline{y} \text{ も } 3\overline{x}\overline{y}$$

も，x_i や y_i の順序には関係のない値であり，順序に関係があるのは

$$x_1 y_1 + x_2 y_3 + x_3 y_2 \tag{5.40}$$

だけしかありません．したがって，この値を最大か最小にすれば，私たちの目的はたっせられる理屈です．

ところで，表5.11を横軸が x，縦軸が y で第1象限にある座標とみなせば，

$$\left. \begin{array}{l} x_1 < x_2 < x_3 \\ y_1 < y_2 < y_3 \end{array} \right\} \tag{5.41}$$

です．x_i どうしと y_i どうしにこのような関係があると，

$$x_1 y_1 + x_2 y_3 + x_3 y_2 \qquad (5.40)と同じ$$

から x_i や y_i を入れかえることによって最大の値になるのは，

$$x_1 y_1 + x_2 y_2 + x_3 y_3 \tag{5.42}$$

の場合です．* したがって，式(5.40)の x_i や y_i を入れかえての最大の値を得るには

$$x_2 \text{ と } x_3 \text{ を入れかえる}$$

か，あるいは

$$y_2 \text{ と } y_3 \text{ を入れかえる}$$

---

* たとえば，式(5.40)と式(5.42)の値の大小を較べると
$$(x_1 y_1 + x_2 y_2 + x_3 y_3) - (x_1 y_1 + x_2 y_3 + x_3 y_2) = x_2 y_2 + x_3 y_3 - x_2 y_3 - x_3 y_2$$
$$= (x_3 - x_2)(y_3 - y_2) > 0$$

となり，式(5.42)が大きいことが証明できます．同様に x_i と y_i の他の組みあわせも比較すると，式(5.42)が最大の値であることが証明されます．

表 5.12 y_2 行と y_3 行を入れかえると

y_2			✓
y_3		✓	
y_1	✓		
	x_1	x_2	x_3

かすればいいことが判明しました.
表5.12で, x_2 の列と x_3 の列とを入れかえても, あるいは y_2 の行と y_3 の行を入れかえても, ✓印は右上がりの一直線上にならび, x と y は最大の相関を示すにちがいありません.

ここでは, 行や列を入れかえて最大の相関をつくり出すための数学的な手続きを, いちばん簡単な例でご説明しました. 現実の問題としては, 行や列の数がずっと多く, 行と列の数が等しくなかったり, 各行の列の✓印の数が1個だけではなく不揃いであったり, 相関の強さもほどほどであったりするので, 数学的な手続きの進行はもっともっと複雑で困難をきわめます. けれども, 数学的な考え方としては, ここでご紹介したとおりです.

仲良し6人組と5種類のアトラクションや, いまの例のように外的な基準がまったく与えられていないとき, 2つの変量の相関をもっとも強くするように変量の順序を入れかえることによって, 変量に順位を与えるような方法を**数量化Ⅲ類**と呼んでいます.

仲間はだれだ

この本は数量化の技術に関する実務的な手引書なのに, 使われる題材といえば, 女性の品定めや飲酒観の評価であったり, 歌くらべやボーリングやクワガタやスプラッシュ・マウンテン……, どうも不真面目でいけません. もっと経済活動に密着した実利のある題材を使えないものかと叱られそうです. けれども, 経済活動に密着し

5. 数学のたすけを借りる

タカサとバカサ……それがⅢ類

て食品や薬品などの一般商品や原子力発電や兵器などに生々しい題材を求めると，どのように細工しても商品のイメージを落としたとか実情にあっていないとか，いろいろな筋から叱られるおそれがあります．どうせ叱られるなら，いくらか不真面目な題材を選んで仇をとってやりましょう．

表5.13は，4人のお嬢さんたちに，ウイスキー，ビール，日本酒に好きな方から順位をつけてもらったものです．4人の青年にではなく，4人のお嬢さんに酒の好みを尋ねるところが，いくらか不謹慎な感じでおもしろいと思うのですが……．どうかな？……．

それはさておき，表5.13の4人のお嬢さんは，お酒に対する嗜好がまちまちです．けれども，強

表5.13 好みはさまざま

	ウイスキー	ビール	日本酒
由里子	1	2	3
りえ	3	2	1
彩	2	1	3
まさみ	2	3	1

いてお嬢さんたちの酒に対する嗜好を分類するとしたら、どうすればいいでしょうか。直感に頼ってではなく、なるべく分析的にアプローチしてください。

手掛かりをつかむために、2人ずつのペアについて嗜好の相関を調べてみます。すなわち

由里子 と りえ　由里子 と 彩　由里子 と まさみ
りえ と 彩　　りえ と まさみ　彩 と まさみ

の組みあわせごとに、嗜好の相関係数を求めてみます。プラスの値が出れば嗜好の相関が正、つまり嗜好が似ていることの証拠となりますし、マイナスの値になれば嗜好が反対である、と判定できるはずです。

2人の嗜好の相関係数を求めるには

$$r = \frac{\sum(x_i - \overline{x})(y_i - \overline{y})}{\sqrt{\sum(x_i - \overline{x})^2 \cdot \sum(y_i - \overline{y})^2}}$$ 　　(5.38)と同じ

が利用できます。* たとえば由里子とまさみの相関係数を計算するには、xを由里子、yをまさみとみなして

由$_1$ = 1　　由$_2$ = 2　　由$_3$ = 3　　$\overline{由}$ = 2
ま$_1$ = 2　　ま$_2$ = 3　　ま$_3$ = 1　　$\overline{ま}$ = 2

を式(5.38)に代入すればいいのですから簡単です。表5.14のような手順で、あっという間に－0.5という相関係数が求められます。す

＊　この場合のように、2人がつけた順位どうしの相関係数をとくに**順位相関係数**といい、

$1 - \{6\sum(順位の差)^2/n(n^2-1)\}$

で計算するとらくに答が求められます。詳しくは『統計解析のはなし【改訂版】』、197ページからお読みください。

表5.14 由里子とまさみの嗜好の相関関係を求める

由$_i$	由$_i$-$\overline{\text{由}}$	(由$_i$-$\overline{\text{由}}$)^2	ま$_i$	ま$_i$-$\overline{\text{ま}}$	(ま$_i$-$\overline{\text{ま}}$)^2	(由$_i$-$\overline{\text{由}}$)(ま$_i$-$\overline{\text{ま}}$)
1	-1	1	2	0	0	0
2	0	0	3	1	1	0
3	1	1	1	-1	1	-1
		2			2	-1

$$r = \frac{-1}{\sqrt{2 \times 2}} = -0.5$$

なわち，由里子とまさみの嗜好の間には，弱い負の相関があり，この2人は同じ分類に入りにくい，と判定できそうです．

同じような手順で，すべての組みあわせについて相関係数を計算し，一覧表にしたのが表5.15です．この表をよく読むと，

  由里子 と りえ　とはまるで反対

  彩 と まさみ　　とはまるで反対

  彩 は 由里子　と似ているが，りえとは似ていない

  まさみ は りえ　と似ているが，由里子とは似ていない

ことがわかりますから，4人娘は

  由里子 と 彩　　りえ と まさみ

に分類すればいいと見当がつきます．

さらに，4人娘の相関関係を図に描いてみたのが図5.6です．ほんとうなら，相関係数が1なら2人がまったく重なった状態，-1なら2人がもっとも離れた状態になり，

  0.5　なら　-1の距離の1/4

  （0　なら　-1の距離の1/2）

  -0.5　なら　-1の距離の3/4

表5.15 4人娘の相関表

	由里子	りえ	彩	まさみ
由里子	—	-1.0	0.5	-0.5
りえ	-1.0	—	-0.5	0.5
彩	0.5	-0.5	—	-1.0
まさみ	-0.5	0.5	-1.0	—

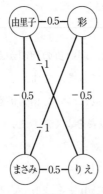

図5.6 4人娘の相関図

になるように図示したいところですが、三角形の性質上それができないので、なるべくその感じが出るように由里子、りえ、彩、まさみを配置してみました。この図を見ると、明らかに4人娘は、由里子と彩、りえとまさみに分類されているのが実感できます。表5.13を振り返ってみると、由里子と彩は日本酒をドン尻に評価しているのが共通点ですし、りえとまさみはともに日本酒をトップにもってきていますから、

  由里子、彩　　は　洋酒党
  りえ、まさみ　は　日本酒党

というところでしょうか。

問題解決──数量化Ⅳ類

なんども書いてきたように、数量化という行為をせんじつめてみると、それは多次元空間内に位置するいくつかの点を1次元の直線上にならべかえる操作、といえるでしょう。それなのに、図5.6で

5. 数学のたすけを借りる

は4人のお嬢さんが2次元の平面図に位置していました．ほんとうなら，一直線上の位置で表現する努力をしなければいけなかったのだと反省しています．

反省ばかりしても態度で示さなければなんにもなりませんから，さっそく4人のお嬢さんたちを直線上にならべる作業にとりかかろうと思います．が，この計算もご多分にもれず，むずかしくはありませんが，ごみごみとしています．そこでまさみを省略して，由里子，りえ，彩の3人だけを直線上にならべる作業をご紹介して，数学的な手続きを理解していただくことにします．

由里子，りえ，彩の3人の相関係数は

  由里子 と りえ -1

  由里子 と 彩 0.5

  りえ と 彩 -0.5

でしたから，きっと図5.7のように，由里子とりえは遠く離れ，彩は由里子には近く，りえからは離れて位置するにちがいありません．けれども，彩は由里子には近く，りえからは離れるからといって，彩と由里子とが重なると思ってはいけないのです．重なるのは，彩が由里子とは1，りえとは-1の相関係数をもつ場合だから

図 5.7　3人娘をならべると？

です.ぜひとも,図5.7のような微妙な距離を保つ必要があります.

この微妙な距離を発見するために

　　　由里子の座標を　x_1

　　　りえの座標を　　x_2

　　　彩の座標を　　　x_3

と約束します.そうすると,私たちの願いは

　　　$|x_1 - x_2|$　　は　1に比例して大きくしたい

　　　$|x_1 - x_3|$　　は　0.5に比例して小さくしたい

　　　$|x_2 - x_3|$　　は　0.5に比例して大きくしたい

となるはずです.そこで

$$Y = -(x_1-x_2)^2 + 0.5(x_1-x_3)^2 - 0.5(x_2-x_3)^2$$

(5.43)

という関数Yを考えます.右辺の第1項は,x_1とx_2の距離に対応しており,離れっぷりを表わす「差」は2乗しておくのが常套手段でしたし,相関係数の-1をそれにかけあわせています.したがって,私たちの願いどおりに$|x_1-x_2|$を大きくすれば,それはYを小さくする効果を生じます.第2項は,x_1とx_2の距離の2乗に,相関係数の0.5をかけたもので,この項を小さくすればYは小さくなります.第3項は,x_2とx_3の距離を2乗して相関係数の-0.5をかけていますから,この項を大きくするとYは小さくなるはずです.

こういうわけですから,私たちはYをできるだけ小さくする努力をいたしましょう.そうすれば,13行ほど前に書いた3つの願いがいっきょに達成できるにちがいありません.Yをもっとも小さくするには,Yをx_1,x_2,x_3でそれぞれ偏微分し,それをゼロに

等しいとおいて x_1, x_2, x_3 を求めればいいのですが，その前に少しばかり知恵を働かせます．

まず，

$$x_1 + x_2 + x_3 = 0 \tag{5.44}$$

という拘束条件をつけます．私たちは，由里子，りえ，彩の相対的な位置を知ればいいのですが，それにしても3人が地球から遠くに離れた空間にならぶよりは，目の前にならんでほしいものです．式(5.44)の条件をつければ3人の中心がゼロになりますから，きっと私たちの位置を中心にならんでくれるにちがいありません．

つぎに，

$$x_1^2 + x_2^2 + x_3^2 = 1 \tag{5.45}$$

という拘束条件もつけましょう．いくら私たちの位置を中心にならんでくれても，ひとりがロスアンジェルスに，もうひとりがソウルに，残りがテヘランにと拡がっていては見にくくて困ります．式(5.45)の条件に従えば，3人の座標は±1の範囲に納まるので都合がよさそうです．

こうして，私たちの問題は

$$x_1 + x_2 + x_3 = 0 \quad \text{(5.44)と同じ}$$
$$x_1^2 + x_2^2 + x_3^2 = 1 \quad \text{(5.45)と同じ}$$

という拘束条件のもとで

$$Y = -(x_1-x_2)^2 + 0.5(x_1-x_3)^2 - 0.5(x_2-x_3)^2$$

$$\text{(5.43)と同じ}$$

を最小にするような，x_1, x_2, x_3 を求めることに帰結いたしました．

では，問題を解いてゆきましょう．まず，式(5.44)と式(5.45)から

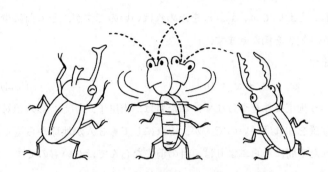

どっちが仲間か…それがⅢ類

$$x_2 = -0.5x_1 \pm 0.5\sqrt{2-3x_1^2} \tag{5.46}$$
$$x_3 = -0.5x_1 \mp 0.5\sqrt{2-3x_1^2} \tag{5.47}$$

が求められますから、これらを式(5.43)に入れて整理すると

$$Y = \frac{3}{4}x_1^2 \pm \frac{9}{4}x_1\sqrt{2-3x_1^2} - \frac{5}{4} \tag{5.48}$$

を得ます。なんと、Y は x_1 だけの関数になってしまったではありませんか。私たちは Y を最小にするために x_1, x_2, x_3 のそれぞれで偏微分し、それらをゼロに等しいとおいた3つの式を連立して解かなければならないと覚悟していたのですが、拘束条件をつけたのがきいて、式(5.48)を x_1 で微分してゼロに等しいとおいた式を解くだけでいいことになりました。ありがたいことです。

$$\frac{dY}{dx_1} = \frac{3}{2}x_1 \pm \frac{9}{4}\left\{\sqrt{2-3x_1^2} - \frac{3x_1^2}{\sqrt{2-3x_1^2}}\right\} = 0 \tag{5.49}$$

これを整理していくと、

5. 数学のたすけを借りる

$$\frac{2203}{12}x_1^4 - \frac{8}{9}x_1^2 - \frac{81}{4} = 0 \tag{5.50}$$

となりますから、ここで

$$x_1^2 = t \tag{5.51}$$

とおいて書き直し，

$$\frac{2203}{12}t^2 - \frac{8}{9}t - \frac{81}{4} = 0 \tag{5.52}$$

とします．これを解くと

$$t = \frac{\frac{8}{9} \pm \sqrt{\frac{64}{81} + \frac{59481}{4}}}{\frac{2203}{6}} = \frac{\frac{8}{9} \pm \sqrt{\frac{4818217}{324}}}{\frac{2203}{6}}$$

となるのですが，それにしても，なんと煩わしい式になってしまったことでしょう．しかたがないので，ここから近似値を使います．

$$t \fallingdotseq \frac{0.889 \pm 121.947}{367.17}$$

$$\therefore \quad t \fallingdotseq 0.33455 \quad \text{または} \quad -0.32971$$

ところが，式(5.51)によって $x_1^2 = t$ とおいたのですから，t の値がマイナスになるはずがありません．したがって，

$$t \fallingdotseq 0.33455$$

$$\therefore \quad x_1 = \sqrt{t} \fallingdotseq 0.5784$$

この結果を，式(5.46)と式(5.47)に代入すると

$$x_2 \fallingdotseq \quad 0.2099 \quad \text{または} \quad -0.7883$$

$$x_3 \fallingdotseq -0.7883 \quad \text{または} \quad 0.2099$$

となりますが，もともと x_1 と x_2 はなるべく離れていなければなら

ず，また x_1 と x_3 は近くにあるはずでしたから，

$$\left.\begin{array}{r} x_1 \fallingdotseq 0.578 \\ x_2 \fallingdotseq -0.788 \\ x_3 \fallingdotseq 0.210 \end{array}\right\} \tag{5.53}$$

が，私たちの問題に対する答に相違ありません．

ここで，もういちど187ページの図5.7を見ていただけますか．この絵は，由里子，りえ，彩の3人の座標が式(5.53)に比例するように描きました．つまり，由里子とりえの相関係数が-1で，彩は由里子に対しては0.5，りえに対しては-0.5の相関係数をもっているとき，3人を直線上にならべると図のようになることを示しています．

この場合の手法は，外的な基準もなく力を貸してくれる他の変量もないにもかかわらず，身内どうしの比較を手掛かりにして数量化を行なっています．このような手法は**数量化IV類**と呼ばれ，多くの事象を似たものどうしに分類するときなどに利用されています．この本では，「分類」をいくらか粗略に扱ってきた傾向があったのですが，ここで一気に借りを返した感じです．

この章では，数学的な数量化の理論について，4つに分けてご説明してきました．要約していうなら

   I類は，外的な基準が数値で与えられているとき，

   II類は，外的な基準が分類で与えられているとき，

   III類は，外的な基準はないが，互いに参照できる2つ以上の変量があるとき，

   IV類は，身内の個体の親近性だけを頼りに，それらの位置

5. 数学のたすけを借りる

を決めるとき,

に使う手法であったといえるでしょう.

けれども, Ⅰ類からⅣ類までの分類はこれにこだわる必要はありませんし, またこれらの手法の変形や, あるいは分類からはみ出しそうな手法なども, つぎつぎと開発されています.* そういう意味では, まだまだ開拓の余地がいくらでも残っているといえそうです。ひとつ, われこそは, と挑戦してみてはいかがでしょうか.

---

* この本では, 数量化理論の基礎を知っていただくために, すべて手計算で説明してきましたが, Excel や R, 統計専用ソフトの使用を前提にした解説や活用例が多数出版されています. たとえば『数量化理論とテキストマイニング』(内田 治著, 日科技連出版社)などどうぞ.

● 164 ページの練習問題の答は, たとえば

$$\text{学科} \begin{cases} 優 & 3 \\ 並 & 2 \end{cases} \quad \text{面接} \begin{cases} 優 & 3 \\ 並 & 0 \end{cases}$$

とすればよく, もし並・並の志願者を採用すると入社後には 2 点の活躍しか期待できません.

● 174 ページの練習問題の答は,

$$x_1 - x_2 = y_1 - y_2 \quad (\text{ただし } x_1 \neq x_2)$$

です. たとえば,

$$\begin{cases} x_1 = 1 \\ x_2 = 0 \end{cases} \quad \begin{cases} y_2 = 1 \\ y_2 = 0 \end{cases}$$

計算の過程は『統計解析のはなし【改訂版】』, 268 ページにあります.

6. 因子を見つける

重要な因子はなにか

 男がほんとに好きなものは二つ——それは,危険と遊びである.男が女を愛するのは,女はもっとも危険なおもちゃであるからだ,*と臆面もなくいってのけた哲学者がいます.私としては,この言葉に女性がどのような反応を示すか興味のあるところですが,私自身としては,ニヤッと笑って,それで終りです.

 私は男ですから,ほんとうにわかるのは男の気持ちだけなのですが,たしかに男は危険と遊びが嫌いではありません.そして,男性が女性に接する態度の中に,ときとしてスリルを楽しむ遊びの気持ちがあることも事実でしょう.それを自覚しているので,男が好きなものは危険と遊びであり,女には危険と遊びがいっぱいだから男は女を愛する……という論理に,思わずニヤッとしてしまうので

＊ ドイツの哲学者,フリードリヒ・ニーチェ(1844〜1900)の言葉.ニーチェは実存主義の先駆者として高い評価を受けています.

す.

しかし，内心では，男がほんとに好きなものは危険と遊びだけではなく，それに劣らないほど安逸や孤独や権力なども好きなことを知っているし，それに「もっとも危険なおもちゃ」というのも女性のある一面にすぎないことも承知しています．で，先の哲学者の警句は，男が女に接する気持ちのごく極端な場合にすぎず，したがってこの警句を人生の教訓として受けとめる気には毛頭なれませんから，ニヤッと笑っただけで，それで終わりなのです．

ところで，この本で扱ってきた多くの例題を振り返ってみると，この警句から類推して，ちょっと気になることがありはしませんか．たとえば，何人かのガールフレンドの中からそろそろ的を絞ろうというとき，容姿と人柄だけに焦点を当てて議論をしたのでしたが，容姿と人柄のほかにも健康，教養，経歴など，考慮しなければならない要素がたくさんあったはずです．また，日本人の飲酒観の間隔尺度をつくったときには，享楽的と禁欲的との間に目盛を刻んだのでしたが，なぜ開放的と閉鎖的との間ではいけなかったのでしょうか．また，家庭の幸福を生み出す要因にウエイト付けをしたときには……，さらに，クワガタの値段を見積もったときには……エト・セトラ．

いずれの場合も，なるほど，そういう例題もあり得るなと，ニヤッと笑い，そしてけれどもこれだけではすまないよ，とお思いになったことでしょう．そのとおりなのです．数量化の手順をご紹介するための例題としては，ガールフレンドの選択は容姿と人柄だけでもいいのですが，現実の問題としては，この2項目だけでじゅうぶんとは，とても思えません．また，飲酒観の尺度も，享楽的と禁

欲的との間を目盛るのがもっとも数量化の目的にかなっているかどうかも，検討に値する論点でしょう．

これほど左様に，数量化の技術を現実の問題解決に利用しようとするとき，数量化の結論に強く影響する因子が何と何かを判断し，そのうちのいくつを採用するかを決めることは，きわめて重要な事項です．これを間違えたのでは，せっかく数量化の技術を駆使しても，なんにもなりません．それは，オペレーターを採用するにあたって，へその形と占いの知識と臭覚について精緻なテストを行ない，数量化の技術を存分に使ってその成績を算出するようなばかばかしい例をあげるまでもなく，あきらかな事実です．そこで，数量化するための因子の選び方について，この章をあてることにしました．

魚の骨を借りる

話の手掛かりとして，ある男性が結婚の相手を吟味していると思ってください．あとで「一生の不作」と嘆かないためにも，ぜひ「いい女房」を選びたいのですが，いったい「いい女房」とはなにかと考えこんでいます．明るくて，家計のやりくりが上手で，健康で……，いやその前に，体格や年齢が自分にふさわしい人が望ましいし，相手の親族に変人がいるのも困るし……と，思考が右往左往してしまうのです．

こういうときには，品質管理の手法として名高い**特性要因図**を描いてみることをおすすめします．それは，図6.1を見ていただけばわかるように，「いい女房」に関係のありそうな因子を片っぱしか

図 6.1 「いい女房」の因子を洗う

ら洗いあげ,それを系統だてて整理した図であり,**魚の骨**とか,ときには少々ふざけてゴジラの骨とか俗称されています.図 6.1 は,私が思いつくままに描いたものですから不完全なできですし,それに結婚の相手を選ぶときには,特性要因図などを描いてしかつめらしく分析するより,いくらか理性を失った状態で衝動的に結ばれてしまうほうが人間らしくていい,と思うのです.けれども,「いい女房」を演出する因子を漏れなく洗いあげてそれらの関係を整理することが目的なら,特性要因図は有力な手段のひとつにちがいありません.

特性要因図は,必ずしも魚の骨やゴジラの骨の形に描く必要はなく,139 ページの表 4.12 のように描いてもいいし,そのほかにも迷案や珍案がありそうですが,魚の骨はすでに何十年もの実績を誇っていますから,あえて逆らうこともないでしょう.そして,因子を漏れなく洗いあげながら特性要因図を描くときには,ブレーン・ス

トーミングなどを活用して衆知を集めるのがよいといわれています．ひとつ，女子社員の採用試験，テレビコマーシャルの制作，製造現場の勤労意欲の向上など，具体的な実例を念頭において特性要因図を描いてみてはいかがでしょうか．

さて，因子が洗い出されたら，つぎにどの因子が重要かを見きわめなければなりません．139ページの関連樹木法をはじめとして，第3章や第4章でご紹介したいくつかの手法がすぐに役立ちます．そのとき，特性要因図の大骨のレベルでウエイト付けをするのか，あるいは小骨のレベルにまで分解してウエイト付けをするかは，ウエイト付けの目的によるでしょう．たとえば，女子社員の選考のためなら，人柄，健康などのレベルでウエイト付けすればじゅうぶんでしょう．相応の体力は必要でしょうが，持久力や強さにまで細分化するのは遊びが過ぎるというものです．

また，過去の実績が記録として残されていたり，実験によるデータが与えられているような場合には，数量化Ⅰ類やⅡ類の手法もすぐ使えるから嬉しくなってしまいます．めんどうな数式にもめげず，つきあってきた甲斐がありました．

ただし，そのような手法を使う場合，ひとつひとつの因子が表4.14や表5.2のアイテムに相当するのですから，因子の数が何十個もあって，それぞれの因子に数個，あるいは十数個のカテゴリーが割り振られていた日には，カテゴリーが数百個にも達してしまい，よほどExcelの得意な方か専用ソフトでも使わないことには，とてもこなしきれるものではありません．ぜひとも，あらかじめ重要と思われる因子を厳選しておく必要があります．そのためにも，魚の骨を前にして，どの因子のききめが大きいかを思索したり議論した

りするのは損ではないでしょう．

それにしても，「海のことは舟人に問え，山のことは山人に問え」です．ゲーテも「真の知識は経験あるのみ」と喝破しているではありませんか．デルファイ法も，しょせんは海のことを舟人に問うているにすぎません．私たちのだれかが経験したことなら，意見を交わし，熟慮することによって重要な因子を選び出すことができますが，経験がないときや不十分な場合には，どれが重要な因子であるかを特定することが非常に困難です．そこで，そのような場合に役立ちそうな手法を，節を改めてご紹介しようと思います．

重要な因子を選ぶ

ペットブームは衰えを知りませんが，犬，猫，小鳥などはもちろんのこと，ふくろうやピラニア，はてはワニやヘビまでペットとして飼育されているようです．そこで，ワニと金魚をかけあわせて，世にも珍しいペットをつくり，世の好事家たちに愛好してもらおうと思います．ワニと金魚はいっぽうは肺呼吸で他方はえら呼吸だし，染色体の数も異なるから，新種をつくることはできないなどと不粋なことをいわずに，人魚や，上半身が人間で下半身が蛇の姿をしたインドのナーガの伝説に免じて，このお伽噺につきあっていただきたいのです．

さて，ワニと金魚をかけあわせてみたら，いろいろな姿の子孫が生まれてきました．口は，ワニのように突き出ているのや，金魚のように「おちょぼ口」をしているもの，足は，ワニのように指と爪を残しているのや，魚のひれに退化してしまったもの，背びれがな

いのも,あるのも生まれたし,尾びれにいたっては,ワニのように先のとがった丸たん棒みたいなのがあるかと思えば,フナのように縦に薄いもの,りゅう金のようにしだれ柳みたいにひらひらしているものまで,種々さまざまです.そのうえ体の色も,ワニの色をそのまま受け継いだのもいるし,金魚のように赤いのもいる,さらに尾びれの色は,赤いのと水玉もようもあるという風情で,楽しいやら困惑するやらです.

いったい,口,足,背びれ,尾びれなどの形のどれが,ペットとして重要な因子なのでしょうか.そして,体や尾びれの色は重要な因子といえるのでしょうか.なにしろ,ワニと金魚のハーフを見るのは,だれにとっても初めてなので見当がつきません.

そこで,ちょっとした実験をすることにしました.まず,表6.1のA,B,C,D,Eのような5匹のサンプルを選び出します.形や色がなるべく交錯した組みあわせになるように配慮しながら,人気が湧きそうなサンプルを選んでみたのです.たとえばAは,口はワニのように突き出し,足はひれ状で,背びれがあり,尾びれはりゅう金のようにひらひらしていて,体はワニ色,尾びれは水玉も

表 6.1　珍奇なサンプルたち

		A	B	C	D	E
形	口	ワニ	ワニ	ちょぼ	ちょぼ	ちょぼ
	足	ひれ	ひれ	ひれ	ひれ	つめ
	背びれ	あり	なし	あり	なし	あり
	尾びれ	ひら	フナ	フナ	ひら	ワニ
色	体	ワニ	ワニ	赤	赤	赤
	尾びれ	水玉	赤	赤	水玉	赤

よう，なんとも珍妙で愉快な生き物です．

つぎに，7人の男女に，これらのサンプルを採点してもらいます．
点数は

すてき！	5点
おもしろい	4点
まあまあ	3点
いまいち	2点
くだらない	1点

くらいの感じでつけてもらうことにしますが，サンプルがたったの5匹ですから，五段階評価のパーセントにはこだわらなくていいでしょう．この採点結果の一覧は，表6.2のとおりです．さあ，この結果から，7人の男女の関心がどこに注がれていたかを見破ってください．

まず，どのサンプルの人気が高いかと，各サンプルごとに合計点を計算してみると，ぜんぶが21点で同点です．さすがに選ばれたサンプルだけのことはありますが，これではなにが重要な因子なの

表6.2　サンプルを採点する

	A	B	C	D	E
杉　下	5	2	3	4	1
亀　山	3	5	4	3	2
米　沢	4	2	1	3	3
月　本	2	4	5	2	4
宮　部	1	2	3	2	5
甲　斐	4	4	4	5	1
冠　城	2	2	1	2	5

か解明しようがありません.

そこで,各サンプルに与えられた点数の傾向を観察してみましょう.かりに,Aに与えられた点数とBに与えられた点数の間に正の相関があるなら,それはきっと,AとBに共通な因子に対して同じような評価が与えられたからにちがいないから,です.そう思って,Aの点数とBの点数の相関係数を178ページの式(5.38)によって計算してみると,なんと0.00になりました.AとBの点数には,相関がまったく見られないのです.これでは,なんの手掛かりにもなりません.*

けれども,他のサンプルどうしの間に強い相関が見つからないともかぎらないと,くじけず5匹すべての組みあわせについて相関係数を計算したのが,表6.3です.たしかな手ごたえがありました.

　　　DとE　の間に　非常に強い負の相関
　　　AとE　の間に　かなり強い負の相関

---

* 相関係数の計算については,なにをいまさらと思いますが,念のためにBとCの相関係数を求める手順を書いておきます.

B_i	$B_i - \overline{B}$	$(B_i - \overline{B})^2$	C_i	$C_i - \overline{C}$	$(C_i - \overline{C})^2$	$(B_i - \overline{B})(C_i - \overline{C})$
2	−1	1	3	0	0	0
5	2	4	4	1	1	2
2	−1	1	1	−2	4	2
4	1	1	5	2	4	2
2	−1	1	3	0	0	0
4	1	1	4	1	1	1
2	−1	1	1	−2	4	2
$\overline{B} = 3$		計 10	$\overline{C} = 3$		計 14	計 9

$$r = \frac{9}{\sqrt{10 \times 14}} \fallingdotseq 0.76$$

6. 因子を見つける

表 6.3 点数の相関を調べる

	A	B	C	D	E
A	—	0.00	-0.08	0.82	-0.88
B	0.00	—	0.76	0.22	-0.37
C	-0.08	0.76	—	0.19	-0.31
D	0.82	0.22	0.19	—	-0.92
E	-0.88	-0.37	-0.31	-0.92	—

AとD に間に やや強い正の相関

BとC の間に 相当な正の相関

が見られるではありませんか．このほかにも，BとE，CとEの間には負の相関，BとD，CとDの間には正の相関が見られますが，これらは上記の4組と較べればずっと弱いので，この際，無視してもよさそうです．

では，表6.1をもういちど見ていただきます．DとEは負の相関があるのですから，因子に対する評価は正反対のはずです．表の中からDとEの特徴が反対になっている因子を探すと，「足」，「背びれ」，「尾びれ」，「尾びれの色」が見つかります．また，AとEとも負の相関ですから，AとEの特徴が対立している因子を探すと，「背びれ」を除く5つの因子がそれに該当します．

つぎに，AとDは正の相関ですから，AとDに共通な特徴をもつ因子を選ぶと「足」，「尾びれ」，「尾びれの色」となります．最後に，BとCとが同じ特徴をもつ因子として「足」，「尾びれ」，「尾びれの色」を摘出して作業を終ります．その結果は，表6.4のとおりです．

表6.4を見ていただけば，もう多言を要しないでしょう．6つの

表6.4 どこに目が注がれていたか

		DとE	AとE	AとD	BとC
形	口		◉		
	足	◎	◉	○	○
	背びれ	◎			
	尾びれ	◎	◉	○	○
色	体		◉		
	尾びれ	◎	◉	○	○

因子のうち，7人の評価員の目が注がれていたのは

「足の形」，「尾びれの形」，「尾びれの色」

の3つであったことは明瞭です．こうして，6つの因子の中から重要な因子を選出することに成功しました．

心当りの因子がなければ

つぎの話題へとすすみます．またディズニーの話しで恐縮ですが，まだ日本にディズニーランドがなかったころに，ロスアンゼルスの郊外にあるディズニーランドを訪れたとき，このような遊園地が企業として成り立つことを予見した洞察力に敬服したおぼえがあります．仕掛けの巧妙さや楽しさにも感心したのですが，それよりも私の感動を誘ったのは，動物を中心とした人形劇や，そのほかあちらこちらで使われている音楽でした．

それは，「スワニー河」であり，「オールド・ブラック・ジョー」であり「ケンタッキーのわが家」であり，とにかく日本人である私

6. 因子を見つける

が若いころに愛唱した歌ばかりでした．そして，これらの歌が始まると，アメリカ人や日本人ばかりではなく，東南アジア系や南欧系の人たちも，いっせいに手拍子を打ち始めるのです．きっと，スワニーや，ブラック・ジョーや，ケンタッキーは，世界中の人たちに愛唱されていた歌だったのでしょう．

そのとき思ったのは，もし日本にディズニーランドがつくられたら，どのような音楽を使うのだろうか，ということでした．どこかの国からの借りものだろうか，あるいは，日本固有の曲だろうか，と．けれども，日本人のだれにでも愛唱され，できれば世界にも知られている歌として，なにがあるのでしょうか．長い歴史に培われた固有の文化に恵まれているのに，そのような曲が思い当らないのは，なんと悲しいことでしょうか．これに対して，日本や中国に較べれば，はるかに歴史の浅いアメリカの文化がもつ国際性に，アメリカについてはめったに感心したことのない私も，びっくりしてしまったことを記憶しています．

そこで，この節では，日本で古くから歌いつがれている3つの曲，「荒城の月」，「椰子の実」，「紅屋の娘」に登場してもらうことにしました(表6.5参照)．そして，この種の曲についての好き嫌いを決める主要な因子はなにかと，調べてみようと思うのです．よほどの年配の方でないと，「紅屋の娘」を知っている方は少ないと思います．「荒城の月」と「椰子の実」も若い方は知らないかな？けれども，作詞者，作曲者ともに一時代を画する実力者ですし，私にとって印象の深い曲なので，仲間に入れてもらいました．

前の節では，口の形，足の形，背びれの色など，重要な因子と思われる候補があり，その中からとくに重要な因子を選び出したので

表6.5 名曲3題

すが，こんどは因子の候補がありません．まったく白紙の状態から因子を探さなければならないのです．とにかく手掛かりを見つけなければなりませんから，藤田さん，浜中くん，川田くん，細江さん，松若くんという5人の男女に，これらの3曲を聞いてもらい

すごくいい	5点
いい	4点
どうということない	3点
つまらない	2点
ぜんぜん，つまらない	1点

として，点数をつけてもらいました．その結果が表6.6です．前節では7人，この節ではたった5人に点数をつけてもらっていますが，

6. 因子を見つける

現実の問題に適用するときには、こんなに少なくてはいけません。けれども、いまは考え方を紹介してゆくのが目的ですから、手軽に計算ができるよう、少人数に点数をつけてもらっています。ご了承ください。

表 6.6　3 つの曲の評価

	荒城の月	椰子の実	紅屋の娘
藤田	5	3	3
浜中	3	5	5
川田	4	4	4
細江	5	5	4
松若	3	3	4

さて、表 6.6 を見ていただくと、さすがに何十年も歌いつがれた名曲だけあって、全員が 3 点以上をつけています。そして、各曲ごとに点数を合計してみると、3 曲とも 20 点だったので、この 3 曲に優劣をつけることはできません。それに、この表をいくら眺めていても、これらの曲に対する好き嫌いを決める因子など、目につきそうもありません。そこで、前節の例にならって、各曲どうしの相関を調べてみようと思います。

相関係数は、178 ページの式 (5.38) によって求められますし、その手順は、同じページの表 5.10 にも例示したとおりで、少しもむずかしくありません。さっそく 3 曲の間の相関係数を計算してみると、表 6.7 のようになりました。それによると

表 6.7　3 つの曲の相関関係

	荒城の月	椰子の実	紅屋の娘
荒城の月	—	0.000	−0.707
椰子の実	0.000	—	0.707
紅屋の娘	−0.707	0.707	—

　　「荒城の月」と「椰子の実」　　全く相関なし

　　「荒城の月」と「紅屋の娘」　　かなり負の相関あり

　　「椰子の実」と「紅屋の娘」　　かなり正の相関あり

ということなのですが、はて、この事実から、3 曲に対する因子な

ど発見できるものなのでしょうか.

残念ですが,ここで少しばかり本筋を離れて,因子を発見するための準備運動をしなければなりません.準備運動の小道具として,ベクトルを使います.ベクトルは,134ページに書いてあったように,長さと方向の両方に意味をもった矢印です.そこで,「荒城の月」をベクトルで表わしてみたのが図6.2です.

なお,このように5人から点数をつけられた曲をベクトルで表わすとき,あとで便利なようにちょっとした細工を施します.表6.6の点数をそのまま使うのではなく,各曲ごとの平均値——この例では3曲とも4点——を差し引いて,表6.8のような点数に修正してからベクトルに描くことにします.

したがって,「荒城の月」は藤田,浜中,川田,細江,松若の5つの軸で構成される5次元の空間内に,藤田軸と細江軸の方向には1の成分を有し,浜中軸と松若軸の方向には−1の成分をもち,かつ川田軸方向の成分をもたないベクトルとして描かれることになります.このように,「荒城の月」ベクトルは5次元空間内の矢印ですから,ほんとうは3次元空間しか知覚できない私たちには見ることも触れることもできないのですが,そのようなことを気に病んでい

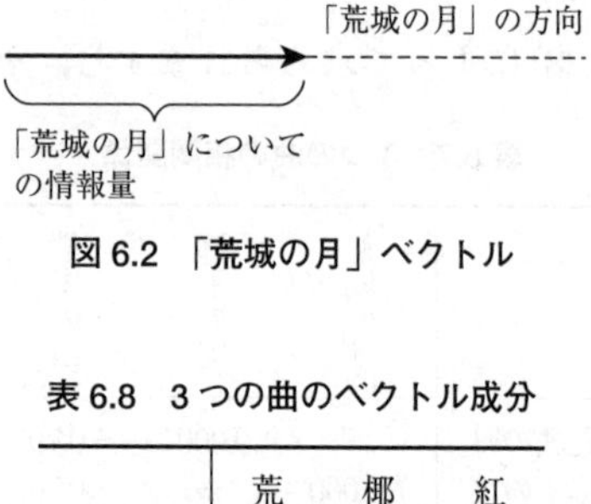

図6.2 「荒城の月」ベクトル

表6.8 3つの曲のベクトル成分

	荒城の月	椰子の実	紅屋の娘
藤田 軸	1	−1	−1
浜中 軸	−1	1	1
川田 軸	0	0	1
細江 軸	1	1	0
松若 軸	−1	−1	0

ては前へすすめませんから,図6.2のように黒々と矢印を描いてしまいましょう.

ところで,図6.2では,ベクトルの長さを「荒城の月」についての情報量と書き込んでいます.もちろん5人の採点結果から得られる情報量の意味ですが,それにしてもなぜベクトルの長さが情報量を表わすのでしょうか.「荒城の月」を例にとるなら

$$\text{ベクトルの長さ} = \sqrt{1^2 + (-1)^2 + 0^2 + 1^2 + (-1)^2} \quad (6.1)$$

です.* いっぽう,「荒城の月」に与えられた点数

5, 3, 4, 5, 3

の標準偏差は

$$\text{標準偏差} = \sqrt{\frac{(5-4)^2 + (3-4)^2 + (4-4)^2 + (5-4)^2 + (3-4)^2}{5}}$$

$$= \frac{1}{\sqrt{5}} \sqrt{1^2 + (-1)^2 + 0^2 + 1^2 + (-1)^2} \quad (6.2)$$

です.このように,一般にベクトルの長さは得点の標準偏差に比例します.ところが,標準偏差は得点のばらつきの大きさです.そして,得点がばらついているほど,その曲についての情報量は多いはずです.なぜって,採点者全員の得点が等しく,たった1つしか点数がなければ,情報はその1つぽっきりです.これに対して,ああ

---

* たとえば,3次元にあるベクトルの先端の座標が(3, 1, 2)であるとします.そのとき,図からわかるように

$$\overline{0P} = \sqrt{3^2 + 1^2}$$

したがって,

$$\text{ベクトルの長さ} = \sqrt{(\sqrt{3^2 + 1^2})^2 + 2^2} = \sqrt{3^2 + 1^2 + 2^2}$$

このことから,式(6.1)を類推してください.

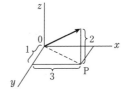

でもない,こうでもないとたくさんの意見があれば,それだけ情報は多いではありませんか.こういうわけで,ベクトルの長さは情報量を表わしていると解釈できることになります.

つぎへすすみます.137ページあたりの記述といくらか重複するのですが,2つの事象が互いに独立なら,つまり相関がゼロなら,それらの事象を表わすベクトルは直交するはずです.そして,2つの事象に完全な負の相関があれば,それらの事象を表わすベクトルは完全にそっぽを向くにちがいありません(図6.3).もちろん,強い正の相関をもつ2つの事象のベクトルは,ほぼ同じ方向に揃うと考えられます.実は,2つのベクトルが交わる角度をθとすると,相関係数rとθとの間には

$$r = \cos \theta \tag{6.3}$$
$$\theta = \cos^{-1} r \tag{6.4}$$

の関係があることが知られています.*

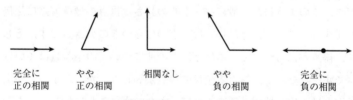

完全に　　やや　　　相関なし　　やや　　　完全に
正の相関　正の相関　　　　　　　負の相関　負の相関

図6.3　相関をベクトルで表わす

こうして因子を見つける

「荒城の月」,「椰子の実」,「紅屋の娘」の印象を支配する因子を

---

* 式(6.3)と式(6.4)の由来を知りたい方は,『統計解析のはなし【改訂版】』の232〜237ページを読んでいただけませんか.

6. 因子を見つける

探索するための準備運動は前節で完了です．では，もういちど207ページの表6.7を見てください．これは表6.6から計算した値でしたが，表6.8から求めてもまったく同じ値になります．したがって，207ページの記述と重複するのですが，もういちど書かせていただきましょう．

　「荒城の月」と「椰子の実」　　0.000　（全く相関なし）
　「荒城の月」と「紅屋の娘」　-0.707　（かなり負の相関あり）
　「椰子の実」と「紅屋の娘」　　0.707　（かなり正の相関あり）

これを手掛かりに，3つの曲の印象を支配する因子を見つけようというのが私たちの問題でした．そして，これだけではどうも因子が見えてこないので，閉口しているところでした．そこで，3つの曲を表わすベクトルが，それぞれなん度で交わるかを式(6.4)によって求めてみます．

　「荒城の月」と「椰子の実」　　90°
　「荒城の月」と「紅屋の娘」　135°
　「椰子の実」と「紅屋の娘」　　45°

あんばいよく，90°+45°=135°ですから，3つの曲のベクトルは図6.4のような相対関係にあります．正直なところ，数学が力を貸してくれるのは，ここまでです．これからあとは，私たちの常識で仕事をしなければなりません．

私たちは，3つの曲の印象を支配する因子を見つけよう

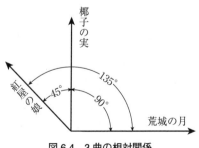

図6.4　3曲の相対関係

としているのですが,その因子が2つなのか3つなのか,あるいはもっと多いのか,私たちにはわかりません.けれども,因子が1つだけでないことはたしかです.因子が2つ以上あって,因子に対するウエイトのおき方が人によって異なるために,3本のベクトルがあっちこっちを向いているのです.なぜなら,因子が1つだけなら,3本のベクトルの方向が揃ってしまうはずだからです.

そこで,物語を単純にするために,2つの因子によって3本のベクトルが支配されているものとしましょう.しかも,2つの因子は互いに独立であるように,つまり2本の因子ベクトルが直交するように選ぶことは,137ページのあたりで評価項目の軸を直交させたことと同じ精神です.というわけで,3本のベクトルに2本の因子ベクトルを手当たりしだいに書き込んでみたのが,図6.5です.

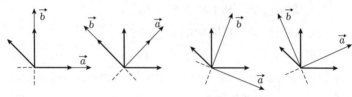

図6.5 因子ベクトルよりどりみどり

いちばん左の図でいうなら,因子ベクトル$\vec{a}$は,「荒城の月」を完全に支配し,「椰子の実」にはまったく支配力をもたず,「紅屋の娘」はやや反逆ぎみ,という因子です.そして,因子ベクトル$\vec{b}$は,「椰子の実」を完全に支配し,「荒城の月」にはまったく無関係,「紅屋の娘」はかなり支配できる,という因子を意味します.そのうえ,この両因子はまったく独立でなければなりません.そのような因子

は，なんでしょうか．$\vec{a}$ や $\vec{b}$ に，「メロディーの華やかさ」，「メロディーの単調さ」，「メロディーの斬新さ」，「テンポの軽快さ」，「リズムの歯切れのよさ」，「リズムのおもしろさ」など，思いつく限りの因子を当てはめてみても，どうもうまく説明できません．では，左から2番めの場合は……？

私の貧弱な常識とフィーリングによれば，左から3番めの図をもう少し傾けると，なんとか説明がつくように思います．図6.6のように，「メロディーの哀愁さ」と「リズムのおもしろさ」の因子を書き込んでみるのです．この2つの因子が完全に独立かどうか，音楽理論のアイウエオも知らない私としては自信がないのですが，かりに完全に独立と考えてみましょう．

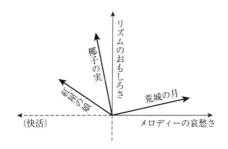

図 6.6　これでどうでしょうか

そうすると，「荒城の月」は，いかにも短調らしく哀愁いっぱいのメロディーですが，リズムはいたって単調……．「椰子の実」は，そこはかとない哀愁はありますが実は長調で作曲されていて，半拍だけ休んで歌い出すというリズムは，当時としてはきっと斬新なおもしろさがあったのだと思われます．そして，「紅屋の娘」は文字どおりC調……，C調は「調子のいい奴」の代名詞に使われるく

らいですから，哀愁ベクトルと負の相関をもっているにちがいありません．そして，リズムは「椰子の実」ほどではないけれど，「荒城の月」よりはおもしろそう……．

いかがでしょうか．ご賛同いただけるでしょうか．ご賛同いただけるとするなら，私たちは「荒城の月」，「椰子の実」，「紅屋の娘」の3曲を採点してもらった結果から，この3曲の印象を支配している因子は「メロディーの哀愁さ」と「リズムのおもしろさ」であることを発見したことになり，めでたし，めでたし，です．

もっとも，いつもめでたいとは限らないので，そこが問題です．いまの例では，うまいぐあいに

$$90° + 45° = 135° \tag{6.5}$$

でしたから，3本のベクトルが同じ平面内にありました．そのうえ，勝手に2本の因子ベクトルも同じ平面内にあると決め込んで図6.5や図6.6を描いたところ，幸いにも2本の因子ベクトルが「メロディーの哀愁さ」と「リズムのおもしろさ」らしいと気がついたのでした．

けれども，一般には3つの曲を表わす3本のベクトルが同一平面上にあるとは限りません．表6.6の点数を少しかえて計算してみるとわかるように，2本のベクトルどうしが交わる角度が式(6.5)のように

$$\theta_1 + \theta_2 = \theta_3 \tag{6.6}$$

という関係になることはめったにないのです．この関係が成立しなければ，3本のベクトルが存在するためには少なくとも3次元空間を必要とし，因子ベクトルも3本以上を仮定しなければなりません．

また，いまの例のように3本のベクトルがあんばいよく1つの平面上にならんでいたとしても，因子ベクトルもその平面上にあるとは限らないので，その平面上をくまなく探しても，因子が発見できないかもしれません．だから，いつもめでたいとは限らず，その場合にはさらに高度なテクニックを使わなければならないのですが，しかし考え方の基本は，いまの例でじゅうぶんに紹介していますから，ご安心ください．

ワニと金魚を交配させた新種のペットの例では，5匹のサンプルに与えられた点数どうしの相関の強さを手掛かりにして，いくつかの因子候補の中から重要な因子を選び出したのでした．そして，「荒城の月」など3つの曲の例では，曲の印象を決める因子の見当がつかなかったのですが，3つの曲につけられた点数どうしの相関の強さを頼りに，なんとか因子を発見することに成功しました．

このように，いくつかのデータが与えられているとき，それらの間の相関を分析することによって，それらのデータを支配している因子を見つけ出す手法を**因子分析**と呼んでいます．因子分析の具体的な手法は，ご紹介した2つの例のほかにも，いろいろとくふうされていますし，また**主成分分析***などの手法も因子を発見するのに有効です．

---

* 主成分分析の一例を，『統計解析のはなし【改訂版】』，242ページに紹介しています．

因子をいくつ採用するか

 魚の骨で気がつく限りの因子を洗いあげ，それらの中から重要な因子を選び出す方法についても述べましたし，因子に心当りがないときの手だてについても述べてきました．あとは，数量化の手法を使うとき，いくつくらいの因子をとりあげるのが妥当かという問題が残されています．

 ものごとを支配している主要な因子は，いくつくらいか……．これは難問です．テーマによって状況は千差万別であり，いちがいにはいえそうもありません．

 けれども，図 6.7 を見ていただきましょうか．＊棒グラフの棒を長さの順につぎつぎに加えあわせることによって，主要ないくつかの原因が全体の何パーセントを占めているかを明らかにしています．このようなグラフは，**パレート図**と呼ばれます．

 左上の図は，日本人の死亡原因を表わしています．死亡の因子といういい方は耳なれませんが，この場合には，そういいかえてもいいでしょう．ガン，心臓疾患，脳血管疾患の三大死因と肺炎と老衰と事故とで軽く70%を超していますし，あと4つの原因を追加して10の原因を合計すると80%を上回ります．けれども，90%を上回らせるためには200以上もの原因を合計しなければなりません．

 自殺の原因―これも，自殺の因子とみなしていいと思われますが，この場合はたった3つの因子で80%を上回っています．ただ

＊ 図 6.7 の死亡原因は厚労省，自殺の原因は警視庁，国籍別訪日外国人数は日本政府観光局，日本の漁獲量は農水省のデータをもとに作成しました．

6. 因子を見つける

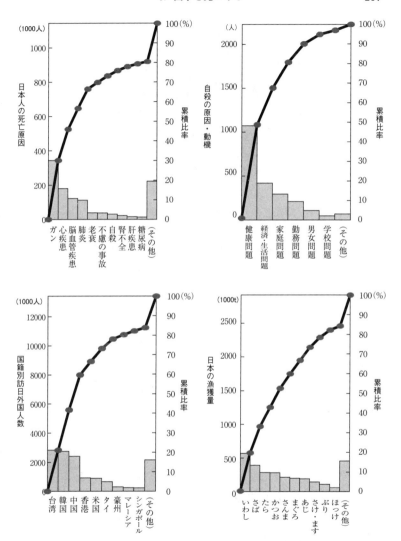

図 6.7　因子の影響

ほんとの大物はたかだか数名

し,この数字は原因や動機が判明しているものだけの数字で,実際には,健康問題と同じくらい原因不詳の自殺があります.また,国籍別の訪日外国人の場合は,5つの因子で70%を上回り,7つの因子で80%を占めているのがわかります.これに対して,日本の漁獲量の場合は,9つの因子でやっと80%を上回り,その他の合計が2位を上回っています.

こうしてみると,多くの場合,5～6個くらいの因子が全体の70%くらいを支配しているといえそうです.一般に,ある因子が全体に対して行使する支配力の強さを**寄与率**と呼びますから,多くの場合,5～6個の因子の寄与率が70%くらいである,といいかえてもいいでしょう.そして,寄与率の合計を90%以上にしようとすると,非常に多くの因子を採用しなければならないのがふつうです.

そこで,数量化の作業をするときには,70%くらいの寄与率でがまんをすることにして,5～6個程度の因子をとりあげるのが得策

とされています.それ以上の因子を採用しても,作業量が加速度的に増大する割には効果が少ないからです.

なお,因子がなん個といったところで,因子の細分化のしかたによって個数がまるでかわってしまうではないか,たとえば死因を図6.7のようにではなく,自然死,病死,事故死の3つに区分すれば3個の因子の寄与率が100％になってしまうし,ガンを胃ガン,食道ガン,肺ガンなどに細分化すれば……と,いわれる方がいるかもしれません.

それなら,少し逆説的にすぎるかもしれませんが,いい直しましょうか.5～6個の因子の寄与率が70％くらいになるように因子を統廃合して,その因子を採用してくださるよう,おすすめします.

最後に,ひとつだけ補足させていただきます.ある事象を数量化するとき,その事象を支配する重要な因子を選び出し,因子にウエイトを配分し,それらを巧みに混ぜあわせた数値をつくり出すのが,もちろん正道であることに異論などあるはずがありません.けれども,その事象と本質的には結びつかなくても,強い相関をもつ他の事象があれば,それを利用するのも得策です.

第二次大戦中に,アメリカ政府は,世界の各地で戦闘を指揮している将軍たちの能力を評価するのに,各将軍が消費した弾の量をめやすにしたといわれています.消費した弾の量は,将軍の能力とは本質的には結びつきませんが,激戦を繰り返していれば弾の消費も多いし,それだけの弾を消費するためには,兵隊を効果的に働かさなければならないし,弾の補給や輸送もじょうずにやりくりしなければなりませんから,弾の消費量と将軍の能力との間には強い相関

があったのでしょう.

数量化技術の立場

この章を終わるにあたって,どうしても付言しておきたいことがありますので,おつきあいください.

数ページほど前に,データ間の相関を分析することによってデータを支配している因子を見つけ出す手法を因子分析という,と書いてありました.ところが思い出してみると,前の章に数量化III類と称した例題がありました.仲良し6人組がアトラクションで遊んだ結果を解析して,アトラクションのほうには「スリルを体感できる」という基準で順位を与え,6人組のほうには「スリル満点なアトラクションを好む」という基準で順位をつけたのですが,その際に決め手となったのは6人組とアトラクションの相関関係でした.

また,数量化IV類についての例題では,アルコール飲料に対する嗜好によってお嬢さんたちを「洋酒党」と「日本酒党」に分類したり,嗜好の差に見あう相対位置を計算したりしましたが,このときも,決め手となったのはお嬢さんたちの嗜好の間にみられる相関関係でした.

けれども,考えてみると,「スリルを体感できる」はアトラクションのおもしろさを決める因子ですし,「洋酒を好む」はアルコール飲料に対する嗜好を決めるための因子ではありませんか.そうすると,数量化III類もIV類も因子分析そのものではないのでしょうか.

私たちは,数値で表わせなかったものや表わしにくかったもの

6. 因子を見つける

を，なんとか数値で表わす方法を見いだそうという立場で話をすすめてきました．なにしろ，数値で表わせなかったものを相手にしようというのですから，たいへんです．たくさんの要素が複雑にからみあって正体がはっきりしないものを相手に，悪戦苦闘です．それでもなんとか，一対比較法などを利用して順位を決めることからスタートし，物理的には測定できないものごとを「測る」ためのものさしをつくり，いくつかの数値を合理的に統合する手だてを講じ，さらには数学の力を借りていくつかの難問に挑戦してきました．

その過程で私たちは，なりふりかまわず他の分野で開発されたたくさんの手法を遠慮なく使わせていただきました．グラフ理論，ブレーン・ストーミング，デルファイ法，関連樹木法，特性要因図など，みなそうです．これに対して，数量化Ⅰ類～Ⅳ類の手法だけは，あたかも数量化の技術に特有な手法であるかのように紹介してきましたが，実をいうと，これらとて他の分野にまったく萌芽のなかったものが，数量化の技術のために新しく開発されたものとはいいきれません．ひいき目なしにいえば，他の分野でも使われている手法を数量化という視点から改良し，編集し直したものとみるほうが正しいでしょう．したがって，数量化Ⅲ類やⅣ類が因子分析によく似ていても不思議はないのです．もちろん，だからといって数量化のこれらの手法の価値が下がるはずはありません．

因子分析とか主成分分析などは，ふつう，**多変量解析**という分野の一部として位置付けられています．多変量解析は，たくさんの要因が複雑怪奇にからみあっていて正体がはっきりしない事象について，その構造を説き明かし，本質の所在を見抜くために開発された手法で，因子分析，主成分分析，重回帰分析，判別分析など，数学

的にもややこしく，現実の問題解決に適用するときにはコンピュータのたすけを必要とするものが少なくありません．そして，ときには数量化I類～IV類も，多変量解析の一部とみなされることさえあります．

このように，数量化の技術は，離れ小島のようにぽつんと孤高を保っているわけではなく，他の分野のたくさんの技術と互いにたすけあい，利用しあいながら成熟の度合いを深めてきたといえるでしょう．つぎの章では，現実に行なわれている数量化の具体例をいくつかご紹介するつもりですが，その中には数量化技術とは無関係な顔をしてひとり歩きをしている技法も含まれています．そのような技法をあえてこの本にとり入れるのも，数量化の技術が他の分野と明確な境界線で隔離されているのではなく，周辺の技術と大いに交際を深めながら発展していかなければならないと信じるからにほかなりません．

7. 数量化の実際を見る

人間集団の構造を探る

 好きとか嫌いとかは，理屈を超越した心の問題です．是非を理論的に談判するなら議論のしようもありますが，「ぼくはあの娘が好き」といわれると，これは理屈を超越していますから，理詰めに論破する術はありません．勝手にしろ，です．

 人間がなん人か集まって小社会をつくると，その全員が互いに相性がいい，などということは，めったにありません．相性のいい組みあわせもある反面，どうにも肌があわない組みあわせもあり，そこがさざなみの震源地になって紛争が起ることも少なくないのです．そうなると，好き嫌いの問題は理屈では解決できないから放っておけ，というわけにはいきません．

 いまここに，工藤，轟，桂，……（中略）……，唐という 10 人の男たちの集団があるとします．この男たちの集団では，ときどきもめごとが起ります．よく観察していると，もめごとの震源地は，

轟と伊藤であったり，岡田と坂本であったり，遠井と唐であったり，いろいろなのですが，個人どうしの些細なもめごとで終ってしまう場合があるかと思うと，数名ずつのグループどうしの紛争に発展することもあり，この集団の構造，つまり相性の良し悪しによるグループの構成，各グループ内のリーダー，グループの力関係などの様子がよくわからないのです．そこで，この集団の構造を解明してみようと思います．構造さえわかれば，仕事の配分のしかたをかえたり，リーダーをうまく活用したり，いろいろと手のうちようがあろうというものです．

まず，各人にメモ用紙を渡して，いっしょに仕事をしたい仲間の名前と，いっしょに仕事をしたくない仲間の名前を書いて提出してもらいます．ただし，いずれも2名以下に制限をします．もちろん，1人の名前も書かなくても差し支えありません．

こうして提出してもらった各人のメモを一覧表に整理したのが表7.1です．いっしょに仕事をしたいのを○印，いっしょに仕事をしたくないのを×印で表わしていますから，たとえば工藤は，轟からはいっしょに仕事をしたくないと嫌われ，桂，伊藤，遠井，坂本，唐からはいっしょに仕事をしたいとプロポーズされていることになります．さて，この表を観察しただけで，10人男の集団がどのような構造をしているか察しがつくでしょうか．工藤は敵が1人で味方が5人ですからボスのひとりらしいとか，遠井や東は2人に愛され1人の敵もいませんから人格が円満らしいとか，唐は嫌われ者らしい，……くらいの見当しかつきません．

そこで，くふうを凝らします．まず，いっしょに仕事をしたいといっても，それには片思いの仲と相思相愛の仲とがありますから，

7. 数量化の実際を見る

表7.1　まず意見を聞く

印をつけられる＼印をつける	工	轟	桂	伊	遠	道	岡	東	坂	唐
工藤		×	○	○	○				○	○
轟			×	×			○	○		
桂							×		○	
伊藤	○	×					○		×	
遠井	○						○			
道場					○					
岡田		○							○	×
東		○		○						
坂本			○		×					×
唐			×		×	×				

相思相愛つまり相互選択の組みあわせを見つけ，それを◎印にしてください．それを見つけるには，表7.1の対角線をはさんで対称の位置に○印がある組みあわせを探せばいいはずです．同様にして，互いに排斥しあっている組みあわせを見つけ，それを＃印にしていただきます．その結果は，表7.2のようになります．

つぎに，各人ごとに○の数，×の数をかぞえ，その差を○－×の欄に記入します．この場合，◎も○としてかぞえ，＃も×のうち，として扱ってください．同様に，◎の数，＃の数もかぞえて，その差を◎－＃の欄に書いていただきます．最後に，

$$I = \frac{1}{2}\left(\frac{○-×}{n-1} + \frac{◎-\#}{d}\right) \tag{7.1}$$

を計算します．ただし，n は集団の人数，d は各人がメモ用紙にいっしょに仕事をしたい人の名や，したくない人の名前を記入する

表7.2 相互選択と相互排斥を調べ点数をつける

	工	轟	桂	伊	遠	道	岡	東	坂	唐	○	×	○-×	◎	#	◎-#	I
工		×	○	◎	◎				○	○	5	1	4	2	0	2	0.72
轟			×	#			◎	◎			2	2	0	2	1	1	0.25
桂				×			◎				1	1	0	1	0	1	0.25
伊	◎	#				○	×				2	2	0	1	1	0	0.00
遠	◎					◎					2	0	2	2	0	2	0.61
道					◎						1	0	1	1	0	1	0.31
岡		◎						○	×		2	1	1	1	0	1	0.31
東	◎		○								2	0	2	1	0	1	0.36
坂			◎	×						×	1	2	-1	1	0	1	0.19
唐		×		×	×						0	3	-3	0	0	0	-0.17

ときの人数制限ですから,この例では

$$I = \frac{1}{2}\left(\frac{○-×}{9} + \frac{◎-\#}{2}\right) \tag{7.2}$$

を計算することになります.

計算の前に,この式の意味を考えてみてください.( )の中の第1項は,自分を除く残りの9人から○をもらっていれば1になるし,9人から×をつけられていると-1になります.第2項は,制限いっぱいの2人と相思相愛の仲であり,#が1人もなければ1,◎が1つもなくて相互に憎みあっている相手が制限いっぱいまでいるなら-1となります.つまり,第1項は他人から好かれるか否かについて,第2項は協力しあう仲間の存在について最高を1点,最低を-1点として評価しているといえるでしょう.そして,Iは第1項と第2項の平均値…….Iが1であれば,全員から頼られ,仲間との協力関係も申しぶんのないリーダーであり,Iが-1なら,全員から見放されたうえに排斥しあう相手にもこと欠かないという,と

んでもない野郎にちがいありません．

さっそく，各人のIの値を計算して表7.2に書き込んでみました．これで，各人の人物がだいぶ正確に評価できるようになりました．この集団の中では工藤が最高の人物，つづいて遠井もかなりの人物，あとはどんぐりの背くらべですが，唐はどうもいけません．ただひとりマイナス点です．けれども総じていえば，この集団の個人個人は決してできの悪い人ばかりではありません．それなのに，なぜこの集団ではもめごとが絶えないのでしょうか．

それを解明するために，奥の手を使います．各人の相関を利用して，集団を仲良しどうしのグループに分類してみようと思うのです．奥の手の手順はつぎのとおりです．

まず，もっともIが高い点であった工藤を最上段に書きます．私たちの例では，期せずして工藤が最上段にありました．そして，工藤と相互選択◎の関係にある伊藤と遠井をその下にならべます．さらに，伊藤と遠井と◎の関係にある男を探すと道場が見つかりますから，道場を遠井の下にならべます．この4人のだれかと◎の関係にある男はほかにいませんから，これでひと区切りです．

つぎに，この4人を除いて最高点をとった東を選び，東と◎の関係にある轟をつづけます．東と轟と◎の関係をもつのは岡田だけですから，この3人でひと区切りとします．さらに，残りの中から最高点の桂を選び，桂と◎である坂本をならべます．これでまた，ひと区切り……．あとには唐だけが淋しくとり残されました．こういう順序に行と列をならべかえてつくったのが，表7.3です．

こんどは，よくわかります．この表から読みとれる集団の構造を箇条書きにしてみましょうか．

表7.3 行と列を入れかえて，できあがり

	工	伊	遠	道	東	轟	岡	桂	坂	唐	
工藤		◎	◎		×			○	○	○	⎫
伊藤	◎			○	×	#					⎬ Aグループ
遠井	◎			◎							⎪
道場			◎								⎭
東		○				◎					⎫
轟		#			◎		◎	×			⎬ Bグループ
岡田					○	◎			×		⎭
桂						×			◎		⎫ Cグループ
坂本		×						◎		×	⎭
唐		×	×					×			孤立者

(1) この集団は，あきらかに3つのグループと1人の孤立者で構成されています．グループ分けは表7.3のとおりで，かりにこれらのグループを A, B, C と命名しましょう．

(2) Aグループのリーダーは必ずしも工藤ではなく，グループ内においては工藤と遠井とが同じ力をもち，伊藤と道場も大差はありません．Iの値にかなりの差があるのは，グループ内での人間関係のせいではなく，グループ外の男との協力関係に起因しています．

(3) Bグループのリーダーは東ではなく，轟でした．

(4) Cグループはたった2人ですが，この2人はどちらがリーダーともいえません．

(5) 唐はだれからも好かれずに孤立していますが，相互排斥のないのが救いです．

(6) AグループとBグループは、どうも仲が良くないようです。とくに、轟と伊藤の相互排斥が両グループの争いの火種になる可能性があります。

(7) AグループとCグループは、それほど仲が悪くありません。工藤をリーダーにすれば、両グループは統一できる可能性があります。

(8) BグループとCグループは、ひどく険悪な関係にはありませんが、統一の手掛かりがないのが困りものです。

どうでしょうか。これほどいろいろなことが判明すれば、ちょっと気のきいた管理者にとって、10人の男たちの集団をうまく扱うのは、さしてむずかしくないように思えますが……。

この手法は、**集団構造解析***などと呼ばれ、職場で課や係に職員を割り振ったり、従業員に仕事を配分したり、作業場や机の配置を決めたりするとき、きっと役に立つだろうといわれています。もちろん、仲良しどうしをいっしょに働かせるばかりが能ではなく、異質のメンバーを加えて刺激剤としたり、仲の悪いグループを隣りあわせにして対抗意識をあおるなどのくふうも必要ですが、なにはともあれ、集団の構造を知ることが先決です。

集団構造解析は、とくに数量化の技法としてつくられたものではありません。一般的な管理の手法としてつくられ、紹介されていると考えるのが公平なところでしょう。けれども、内容的にはあきらかに数量化の精神に沿っています。なにしろ、10人の男たちを表7.3にみるように、

---

* 表7.3のような一覧表を**集団構造マトリックス**といいます。

人間集団の構造を
数字で表わす法

　工藤, 伊藤, 遠井……（中略）……, 坂本, 唐と, 一直線上にならべてしまい, そのうえはじめの4人をAグループ, つぎの3人をBグループ, つぎの2人をCグループ, 残りの1人は孤立者として分類してしまったのですから…….

安全さを解析する

　話題が変わります. 東日本大震災により福島原子力発電所で起こった事故をきっかけに, 17ある日本の原子力発電所はすべて停止されました. 太陽光や風力などの自然エネルギーだけで賄えるのが理想ですが, 安定供給, コストの面で課題が多く, また火力発電を増やすことは地球温暖化問題の解消に逆行することになるので, 現時点では, 原子力発電は必要です. けれども, 現実に福島で起ったように, 爆発が起ったり, 放射性物質が漏れたりしたとき, もろ

に被害を受けるのは地元民です．そこで，原子炉の建設には念には念を入れなければなりません．

　飛行機の事故は悲惨です．それは乗客や乗員の命はもちろん，地上にある人命をさえ奪いかねません．ですから，飛行機の設計や製造には念には念を入れる必要があります．同じように，自動車や橋やビルなど，念には念を入れてつくらなければいけないものが，ごまんとあります．

　けれども，念には念を入れるといっても，それには限度があります．飛行機が絶対に故障しないようにと，機体の構造をやたらと頑丈にし，予備のエンジンを何台も装着し，操縦に必要なすべてのからくりを2重にも3重にもしたのでは，飛行機の目方がふえすぎて客を乗せて飛びあがることができなくなってしまいます．

　こういう場合，故障が起る可能性があり，故障が起ったときに致命的な結果をもたらす部分に集中して念を入れ，めったに故障が起らないし，起ってもたいしたことはない部分はほどほどにしておく必要があります．こういうときに使われる手法に**安全性解析**がありますので，この節では，それをご紹介します．

　例として，打上げ花火を使いたいと思うのですが，私は火薬の知識も花火の知識もないので想像だけで物語りを組みあげます．したがって，火薬や花火の専門家からみると常識はずれのことがあるかもしれませんが，いまは安全性解析の手続きを紹介するのが目的ですから，花火についてのお手つきはお許しください．

　花火の故障は，打ちあげられて夜空を彩る花火玉の故障と，打上げ装置の故障に分けられるように思います．そして，花火玉の故障としては

破裂しない

　　　破裂が遅すぎ

　　　破裂が早すぎ

　　　破裂しても美しくない(色，形など)

などが考えられるし，打上げ装置の故障としては

　　　発射しない

　　　発射の方向が狂う

　　　地上で爆発する

などが思いつきます．

　さて，まずこれらの故障を「危険のきびしさ」──「危害の程度」と言ってもいいと思いますが──という観点から評価し，ⅠからⅣまでの数値を与えてください．評価の基準は表7.4のとおりです．たとえば，「花火玉が破裂しない」は，破裂しない花火玉がどすんと落下してきますが，めったに観衆を直撃することはないでしょうから，Ⅲぐらいでいいでしょう．けれども，「破裂が遅すぎ」ると，観衆の頭上近くまで落下したところで破裂するおそれがありますから，Ⅱにしなければなりません．

表7.4　危険のきびしさ

分類	程　度	人命・製品に当てはめるとこのくらい
Ⅰ	致命的	死亡・火災(全・半焼)
Ⅱ	重　大	重傷・火災(建物延焼)
Ⅲ	中程度	通院加療・製品発火
Ⅳ	軽　微	軽傷・発煙

表 7.5　故障の起こりやすさ

分類	発生の頻度
1	しょっちゅう起る
2	しばしば起る
3	ときどき起る
4	起りそうにない
5	起らないと考えてよい
6	考えられない

つぎに，これらの故障を「故障の起りやすさ」――「重大事故発生のおそれ」と言ってもいいと思いますが――の観点から表 7.5 の基準に従って評価していただきます．たとえば，「花火玉が破裂しない」のは，導火線に着火していないか，導火線の途中で火が消えてしまうか，花火玉の中央にある割り薬が爆発しないのだと思われますが，それはときどき起りそうですから，3 くらいでしょう．そして，花火玉の破裂が遅れるのは，導火線が長すぎるか，導火線の燃え方が遅いか，割り薬の爆発が遅れるかでしょうから，これもときどき起りそうなので，3 としておきます．

故障の全項目について，「危険のきびしさ」と「故障の起りやすさ」の評価が終ったら，表 7.6 を見てください．「きびしさ」と「起りやすさ」の組みあわせで，A, B, C の総合評価に分

表 7.6　総合評価

		故障の起こりやすさ					
		1	2	3	4	5	6
危険のきびしさ	I	A	A	A	A	B	C
	II	A	A	A	B	C	C
	III	A	A	B	C	C	C
	IV	C	C	C	C	C	C

類されています.その意味は

　A:なんらかの対策を実施し,「きびしさ」か「起りやすさ」の程度を下げることによって,B以下になるようにする.

　B:危険が存在することを念頭におき,使用時にはじゅうぶん注意する.

　C:とくに手をうたなくてもよい.

です.

　打上げ花火の例をあてはめるなら,「花火玉が破裂しない」は「危険のきびしさ」がⅢ,「故障の起りやすさ」が3ですから,総合評価はBです.したがって,いますぐ手をうつ必要はありませんが,そういう危険があることを常に念頭におき,花火玉をつくる人たちに導火線が途中で切れたりしていないかを常に注意してもらう必要があります.また,「花火玉の破裂が遅すぎ」では,「きびしさ」がⅡ,「起りやすさ」が3ですから,総合判定はAとなり,なんらかの対策が必要です.きっと,導火線を2本にすると同時に,割り薬と導火線の継ぎ目にくふうをすれば,「起りやすさ」を4か5にすることができるのではないでしょうか.

　なお,致命的に分類される危険であっても,その起りやすさが一定レベル以下の頻度であれば受け入れるというのが,世界的な考え方です.

　これで,安全性解析のおおまかなご紹介を終りますが,これと似た手法に**故障モード影響解析***があります.故障が起ったときに役にたたなくなる程度と,故障の起りやすさとの組みあわせで,対

---

　*　故障モード影響解析は,Failure Mode and Effects Analysis(FMEAと通称)の直訳です.

策の必要な項目に警鐘を鳴らす技法です．いずれも，数量化の技術の中で重要な位置を占めるウエイト付けそのものといっても過言ではなさそうです．

ウエイト付けといえば，ほかにも FTA* という技法があります．これは意思決定のために使われる「決定の木」などとともに，第4章でご紹介した関連樹木法の仲間，あるいは発展型といえるでしょう．

生物どうしを数量化して分類する

また，新しい話題に移ります．38ページあたりにも書いたように，生物の分類は素人にはなかなか納得しにくいものがあります．クジラは肺で呼吸をするし胎生で哺乳もするから，魚ではなくて人間と同じ哺乳動物だと子供のころからいわれつづけていますから，いまでは諦めてクジラは魚ではないと信じていますが，諦めるまでにはずいぶん長い年月を要しました．

いっぽう，キリンやシカはウマの親戚ではなく，カバやイノシシの仲間だといわれると，ひずめの割れ方で分類すればこうなるという理屈はわかるのですが，心から合点といかないから困ります．きっと生物にとって基本的なことは，なにかと素人にはむずかしい議論のすえ，分類のしかたが決まっているのだろうと思いますが，玄人さんの間でもいろいろな疑義や異論も少なくないのだと聞いています．

---

* FTA は，Fault Tree Analysis の略です．たとえば，『新 FTA 技法』(益田昭彦 ほか，日科技連出版社，2013)を参照．

そこで，だれがやっても同じ結果が出て，私のような素人に対しても説得力のある分類法はないものかと研究している先生方によって，生物どうしの類似性を数量化し，類似性の強いものから近い仲間として分類していく方法が提案されています．そのひとつに，つぎのような方法があります．

例として，人魚，カッパ，天狗，麒麟，竜，鳳凰を生物学的に分類してみようと思います．まず，これらの動物に関係のありそうな姿や性質のうちから重要と思われるものを書き出します．ここでは，「足がある」，「羽がある」など7項目をとりあげてみました．このほかにも，「肉食である」，「冬眠をする」，「冷血動物である」など，いくらでも気がつきますが，いまは分類の手順をご説明するのが目的ですから，このくらいで我慢しましょう．

では，始めます．まず，人魚など6種類の動物について，各項目ごとにYESなら○印を，NOなら×印をつけてください．YESかNOかわからないときは？印でも書いておきましょう（表7.7）．天狗は空を飛ぶので羽があるのだと思うのですが，羽をはやした絵が見あたらなかったので？にしましたし，絵によってクチバシがあったりなかったりするので，これも？にしました．また，竜は空に昇るのは好きらしいのですが，水にもぐるかどうか不聞にして知らないので？です．

それから麒麟に羽があるかどう

表7.7　特質を調べる

	足がある	羽がある	ウロコがある	皿がある	クチバシがある	水中を好む	胎生である
人魚	×	×	○	○	×	○	○
カッパ	○	×	○	○	○	○	○
天狗	○	?	×	×	?	×	○
麒麟	○	○	×	×	×	×	○
竜	○	×	○	○	×	?	×
鳳凰	○	○	×	×	○	×	×

かと冷蔵庫からビールをとり出してつくづくと眺めたところ，羽衣のようなひらひらが描かれていたので，これを羽とみなして○をつけています．なにしろ，架空の動物のこととて不確かなこともいろいろありますが，表7.7が正しいと信じていただきましょう．

つづいて，動物どうしの類似性を求めます．もちろん，相関係数を計算してもいいのですが，ここではもっと簡単な方法をとります．人魚とカッパは7項目のうち，羽，ウロコ，水中，胎生の4項目が一致していますから，

$$4/7 ≒ 57\%$$

の類似性があるとみなします．同じように，人魚と天狗は？があるために比較できない2項目を除くと，5項目のうち2項目の性質が同じですから，40％の類似性があると計算されます．こうして，動物どうしの類似性を一覧表にしたのが表7.8です．

表7.8を見ると，天狗と麒麟の類似性が100％です．足，羽，ウロコなど7項目の性質だけを基準とする限りにおいては，双子の関係にあります．で，天狗と麒麟を図7.1のようにならべます．

つぎに高い類似性を示しているのは天狗と鳳凰のペアです．先ほどのペアと天狗が重複していますから，きっと天狗，麒麟，鳳凰の3者は近い仲間にちがいありません．そこで

　　天狗　と　麒麟　100％
　　天狗　と　鳳凰　80％
　　麒麟　と　鳳凰　71％

表7.8　動物ごとの類似性（％）

	人魚	カッパ	天狗	麒麟	竜	鳳凰
人魚	—	57	40	43	67	14
カッパ	57	—	40	29	50	29
天狗	40	40	—	100	50	80
麒麟	43	29	100	—	50	71
竜	67	50	50	50	—	50
鳳凰	14	29	80	71	50	—

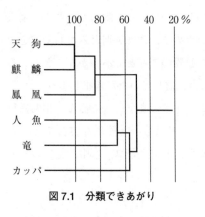

図7.1 分類できあがり

を平均すると84%になりますから、この3者を図7.1のように84%のレベルで括りましょう。同じ手順で、人魚と竜が67%のレベルで括られ、58%のレベルでそれにカッパが追加されます。そして、6つの動物が一括されるのは51%のレベルです。

これで分類図ができあがりました。6種類の動物どうしの近さや遠さがよくわかるではありませんか。なにしろ、類似性のレベルがパーセントで示されていますから、必要となれば類、目、科などを分けるレベルも決めやすそうです。かりに、60%あたりで類を区分し、90%あたりで目を分けるなら、鳳凰は天狗類、鳳凰目に属する、というわけです。

この分類法は、鮮やかです。それに、この方法によって、イリオモテヤマネコは外見的には近そうだと思われていたツシマヤマネコやチョウセンヤマネコなどの仲間ではなく、むしろ南米のチリヤマネコの仲間のジャガランディに近いけれど、どの属ともかなり離れているので、新しい属をつくったほうがいいことが判明したという実績もあります。

けれども、問題は評価項目のとりあげ方とウエイトの配分のしかたです。それを自由に選べることは特長のひとつではありますが、選び方が正しくなければなんの役にもたたない分類ができあがってしまいます。まさに両刃の剣です。評価項目とウエイト配分の重要

性については，いままでもくどいくらい述べてきましたから，もう書きませんが，数量化を利用した生物の分類法が成功するのも失敗するのも，ひとえに評価項目とウエイト配分にかかっているといっても過言ではないでしょう．

なお，この方法は生物の分類ばかりではなく，製品や商品を分類したり，故障や事故の様相，勤務や学習の態度，生活設計の姿勢など，いろいろな事象の分類に使えそうです．ぜひ試みていただきたいと思います．

文化の数量化

話題がかわります．なにしろこの章は，数量化に関係のありそうな手法をつぎつぎに紹介して，数量化の技術の応用範囲の広さに感心していただこうというのですから，ころころと話題がかわるのです．

シェイクスピアは実在の人物ではなく，彼が残したといわれる数々の戯曲はなん人かの作家による合作ではないかとか，ひょっとするとベイコン(Francis Bacon, 1561～1626)が書いたのではないかとの疑問が古くからあります．そこで，100年以上も前に，シェイクスピアの文章とベイコンの文章を数量化して，それが同一人物によって書かれたものかどうかを調べた人がいます．彼は，ぼう大な量の両者の文章から単語の長さとその出現頻度の関係を分析し，どうやらシェイクスピアの戯曲はベイコンが書いたものではなさそうだといっています．

古い例で恐縮ですが，文化についての数量化の一例をあげてみましょう．

ある先生が，日本とシンガポールの文化を数量的に比較してみようと思いたちました．* そこで，東京工業大学とシンガポール大学の学生約 100 名ずつに

- 仕事についての話題として，どれにいちばん関心がありますか
    1. 給料　　　　　　　　2. 倒産や失業
    3. いっしょに働く仲間　　4. やりがい
- たいていの人は信頼できると思いますか，それとも用心するにこしたことはないと思いますか
    1. 信頼　　2. 用心

というような数十個の質問に答えてもらいました．回答の中には回答者の傾向を知るためにあらかじめ決めておいた隠し番号があって，1番めの質問では4，2番めの質問では1を選んだ回答者に✓印がつくようになっています．

回答を集めたら，数量化Ⅲ類の手続きによって，相関がもっとも

表7.9　数量化Ⅲ類によってならべかえる

回答者＼項目	16	17	7	1	6	12	13	8	18	5	4	2	14	9	15	10	3	11
東 - 39						✓	✓		✓	✓		✓	✓	✓	✓	✓	✓	✓
東 - 12					✓	✓				✓	✓	✓		✓		✓	✓	✓
シ - 87				✓		✓	✓	✓	✓	✓	✓			✓				
東 - 72		✓				✓	✓			✓			✓		✓			
シ - 57	✓	✓	✓	✓	✓		✓				✓							
シ - 88	✓	✓	✓	✓	✓	✓	✓			✓	✓							

---

* 「文化比較研究と数量化」，穐山貞登,『数理科学』，1980.6，サイエンス社．

強くなるように回答者と回答内容をならべかえると,表7.9のようなマトリックスが出現します.縦軸には東工大とシンガポール大の学生が入り乱れてならびますが,そのならび方にはきっとなんらかの傾向が見られるでしょう.横軸は回答の内容ですが,あらかじめ傾向を見いだすのに役立つような質問を選んであるのですから,回答のならび方にもなんらかの傾向が現われるにちがいありません.

こうして,東工大の学生は一般に「性善説をたて前とする」傾向があり,シンガポール大の学生は「生活拡大という態度が強いが,その内容は多様である」ことなど,いくつもの傾向を察知しています.そして,東工大とシンガポール大を両極に見たてて,琉球大,チュラロンコン大,在東京留学生などの相対位置を検討したりもしています.数量化の技術によって,ここまでの解析が可能となるのです.

この節は,ずいぶん短いのですが,ついに締めくくりの季節がきたので,節を改めることにします.

いよいよ QOL

この本の第1章から,いろいろと思わせぶりなことを書いてきましたが,いよいよ QOL(生活の質:Quality Of Life)です.QOL は幸福とは同じではありません.幸福感は,あまりにも個人的すぎて,ペットの死とか歯の痛みとかの些細なことでも大きく変動するので,客観性や再現性に乏しく,自然科学の対象としてふさわしくありません.そこで,幸福感の基盤とでもいうべきものとして,QOL という概念が使われます.

したがって，QOL は経済的な立場からみた生活レベルだけを指しているのではなく，心理的な立場もじゅうぶんに尊重しているので，幸福感に客観性と再現性をもたせるための指標と考えてもいいでしょう．私たちは第 1 章で，国民の幸福をもっと大きくするように予算や資源を配分したり，事業を計画したりするのが国の行政だから，行政が最適の選択をするためには個人個人の幸福さが数値で，――できれば金額で表わされる必要があるというようなことを述べてきましたが，いまや幸福を QOL に書き直してもいいくらいです．

では，QOL とは具体的にいうとなんでしょうか．QOL の萌芽は産業革命まで遡ると言われていますが，この概念が注目を浴びるようになったのは，1970 年代に入ってからです．科学技術の進歩により物質的な豊かさが確保されたため，生活の豊かさについて，人びとの関心が量的拡大から質の向上に向けられるようになったからです．

1970 年代にアメリカのランド研究所は，「社会的に良いものを規定するのではなく，個人の幸せにとって重要な要素を記述式で評価できれば，より生活しやすくなる」として，QOL の構造を決める因子として 12 項目を選びました．

　　　地位，愛情，自由，快適，有意義，性的満足

　　　安全，新奇，ユーモア，美感，優越感，攻撃性

そして，デルファイ法を使ってウェイト付けも試みました．全体を 100 として，12 項目にウェイトを配分したのですが，その結果が図 7.2 です．

なお，現在では，WHO(国際保健機関)の設定した身体的，心理

7. 数量化の実際を見る

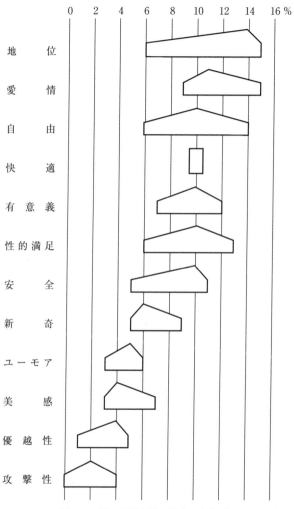

図 7.2 ランド研究所の調査によれば

的，自立レベル，社会的関係，環境，精神性／宗教／信念の6つの側面が一般的に使われているようです．

身体的な領域では活力と疲労，性行為，睡眠と休養などが，心理的領域では記憶と集中力，容姿と外見などが，自立レベルの領域では日常生活能力，コミュニケーション能力，仕事能力などが，社会的関係の領域では人間関係，社会的な支えなどが，環境の領域では安全と治安，居住環境，仕事の満足などが含まれています．なお，6つ目の精神性／宗教／信念については，議論があるようです．

ちなみに，WHOではQOLを「個人が生活する文化や価値観のなかで，目標や期待，基準，関心に関連した自分自身の人生の状況に対する認識」と定義しています．

これからあとは，私の遊びです．恥ずかしながら，私が現役時代に自己査定したQOLを披露してみようと思います．現役時代に査定したQOLですから，ランド研究所の因子を用いています．図7.2を見ていただくと，上から7番めの「安全」くらいまでのウエイトが大きく，中央値について計算をすると，ここまでで全体の約80%を占めていますから，218ページの精神に従って因子としては上から7項目をいただきます．ウエイトは四分位数がついたままでは煩雑ですし，かといって中央値だけに頼るのではせっかくのデータが惜しいので，図7.2に描かれた五角形の重心位置くらいを使いたいのですが，それを計算するのもめんどうですから，その代用として中央値と上四分位数と下四分位数の平均値をとることにします．それが表7.10の仮点です．ウエイトは，仮点に比例し，合計すると1になるように決めればよく，それを表7.10に記載しています．

では，各項目ごとに採点をしてゆきます．採点は81ページに書いた新作・七段階評価，つまり0点から6点までの点数を

3, 10, 22, 30, 22, 10, 3%

の基準に従ってつけることにしましょう．

そのため，表7.11のように「地位」は，同年代のトップの地位になったし，こうして書き物を出版してもらっているくらいですから，5を奮発します．「愛情」は，ないしょの理由によって，2しかつけられません．「自由」については，仕事の性格上，いいたいことや書きたいことの半分もいえな

表7.10 ウエイトを求める

項 目	仮 点	ウエイト
地　　位	11.7	0.16
愛　　情	11.7	0.16
自　　由	10.0	0.14
快　　適	10.0	0.14
有 意 義	9.7	0.14
性的満足	9.7	0.14
安　　全	8.7	0.12

表7.11 私のQOLは？

項 目	評価	ウエイト	積
地　　位	5	0.16	0.80
愛　　情	2	0.16	0.32
自　　由	1	0.14	0.14
快　　適	4	0.14	0.56
有 意 義	5	0.14	0.70
性的満足	2	0.14	0.28
安　　全	5	0.12	0.60

いし，行動も束縛されているのが大いに不便なので，1です．「快適」については，住居の狭さや空気の汚さなどの不満はあるものの衣食住に困るわけでもなく，酒も飲みたいときには飲めるので，4くらいでしょう．また，仕事には意義を感じて誇りに思っていますから，「有意義」の項には5点をつけます．「性的満足」については，印刷物として人目につくのをはばかる理由によって2しかつけられないのが残念です．そして，「安全」は躊躇なく5です．強盗に生命や金銭をねらわれる心配も，風水害で居住をつぶされる心配も，いまのところ全くないからです．

こうして各項目ごとの採点を終りました．あとは，ウエイトをつけて加重平均をするだけです．その結果は 3.4 となりました．私の QOL は，並よりほんの少し上，というところです．みなさんも，各人で QOL を求めてみてください．

数量化に限界はない？

初版で取り上げた題材と同じで恐縮ですが，今でもじゅうぶん通用するはなしだと思いますし，わずか 30 年ちょっとで人間の価値観が劇的に変わるとは思えなかったので，改めて取り上げます．お付き合いください．

英国の心理学者チャールズ・モリスは，人間の価値観は

　　　D：ディオニソス要因[*]

　　　P：プロメテウス要因[**]

　　　B：ブッダ要因[***]

の 3 種の要因の組みあわせて構築されていると考えました．ここで

　　　D：欲求のおもむくままに思う存分に行動する

　　　P：外界を支配し変革するために活動し努力する

　　　B：欲求を抑えることによって心の安らぎを保とうとする

---

　[*]　ディオニソス：あだ名をバッカスといい，文芸界を兄弟のアポロと二人でつかさどる神様．アポロが理知的であるのに対してディオニソスは非合理的で激情的．

　[**]　プロメテウス：できたての人間が悪いことばかりするので，愛想をつかしたゼウスが人間から火を取り上げてしまったとき，太陽から火を運んできて人間に与えてくれた神様．

[***]　ブッダ：いわずとしれた仏陀．

を表わしています.そしてモリス先生は,D,P,Bの要因の強さを組みあわせて図 7.3 のような 7 種のタイプの価値観をつくり,これですべての人たちの価値観を説明できるのではないかと思い,世界各国の文化人にアンケートを行なったのだそうです.そうしたら,これを手掛かりにさらに新しい価値観が発見されて,価値観の分類が 13 種類にもなってしまい,図 7.3 のような D,P,B の組みあわせでは説明がつかなくなってしまったのです.

ちなみに,新たに発見されたという価値観は,エピクロス,老子,ストア派の教え,そして,特定の思想家とは結びつかない瞑想型,行動型,奉仕型だそうです.そこで,当時,三菱総研では,この 13 種類の価値観に対応させようと QOL インデックスと呼ばれるものを開発しました.

13 種類のインデックスには,「官能的に楽しむことに重きをおく」とか,「他人や社会のために奉仕することに重きをおく」,「向上への不断の活動,努力に重きをおく」,「自己認識,自己

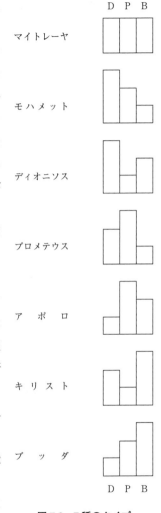

図 7.3 7 種のタイプ

満足に重きをおく」,「多様性に重きをおく」などが,基調となる価値要因として位置づけられています.すべてをご紹介したわけではありませんが,30年以上経った今でも,人間の価値観に大差はないように思うのですが,いかがでしょうか…….なお,今では,このQOLインデックスは活用されていないようです.

さて,価値観の分析には,いろいろな利用価値がありそうです.どの要因に共感するかによって,その人の価値観を見いだすことができます.ないしょの話ですが,私自身がもっとも共感したのは,「向上への不断の活動,努力に重きをおく」でした.どうもB要因の「心の安らぎ」には価値を感じていないようです.

どうも脱線ぎみで話が前へすすみません.価値観の分析に現実の利用価値があると話していたところでした.たとえば,だれかの日常的な行動を観察することによって,その人のほんねの価値観を見やぶれることです.人々が日常的に行なう行為の中には,D, P, Bの各要因が明確に反映されていることが少なくないからです.

さらに,特定集団のもつ価値観を分析したり,新しい事業や製品を評価したり,さまざまなアセスメントにも利用できるなど,利用価値は枚挙にいとまがありません.

それにしても,生活の質を数値で表わしたいし,できれば金額で表わしたい,それができないと国の行政も最適な判断をくだせない,と大上段に振りかぶっているのに,QOLがいっこうに数値に直らないではありませんか.私のQOLを七段階評価で表わしたところ,3.4であったので並より少しばかり上と評価したのが,ただひとつの実績では淋しすぎるように思います…….

7. 数量化の実際を見る

 けれども，QOL という考えが世に出てから相当な年数が経っているのに，QOL の研究は端緒に就いたばかりといってもよく，また，各人の QOL を絶対的な数値，ましてや金額で表わすということに対しては懐疑的であるように見うけます．そういうことはできもしないし，また必要もないではないか，というのかもしれません．いや，もっと積極的に，そういうことをしてはいけないと思っている方もあるようです．

 けれども，私は「できやしない」と諦めることは嫌いですし，「必要がない」に対しても，できてみなければわからないと思っています．そして，「できてはいけない」については，何とかとハサミは使いようというけれど，原子力にしても，遺伝子の組みかえにしても，そして金額で表わされた QOL にしたって，使いようだと思っているのです……．

付録　正規分布表

0 から Z（標準偏差を単位として）までに含まれる正規分布の面積 $I(Z)$

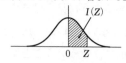

Z	0.00	0.01	0.02	0.03	0.04	0.05	0.06	0.07	0.08	0.09
+0.0	0.0000	0.0040	0.0080	0.0120	0.0160	0.0199	0.0239	0.0279	0.0319	0.0359
+0.1	0.0398	0.0438	0.0478	0.0517	0.0557	0.0596	0.0636	0.0675	0.0714	0.0753
+0.2	0.0793	0.0832	0.0871	0.0910	0.0948	0.0987	0.1026	0.1064	0.1103	0.1141
+0.3	0.1179	0.1217	0.1255	0.1293	0.1331	0.1368	0.1406	0.1443	0.1480	0.1517
+0.4	0.1554	0.1591	0.1628	0.1664	0.1700	0.1736	0.1772	0.1808	0.1844	0.1879
+0.5	0.1915	0.1950	0.1985	0.2019	0.2054	0.2088	0.2123	0.2157	0.2190	0.2224
+0.6	0.2257	0.2291	0.2324	0.2357	0.2389	0.2422	0.2454	0.2486	0.2517	0.2549
+0.7	0.2580	0.2611	0.2642	0.2673	0.2704	0.2734	0.2764	0.2794	0.2823	0.2852
+0.8	0.2881	0.2910	0.2939	0.2967	0.2995	0.3023	0.3051	0.3079	0.3106	0.3133
+0.9	0.3159	0.3186	0.3212	0.3238	0.3264	0.3289	0.3315	0.3340	0.3365	0.3389
+1.0	0.3413	0.3438	0.3461	0.3485	0.3508	0.3531	0.3554	0.3577	0.3599	0.3621
+1.1	0.3643	0.3665	0.3686	0.3708	0.3729	0.3749	0.3770	0.3790	0.3810	0.3830
+1.2	0.3849	0.3869	0.3888	0.3907	0.3925	0.3944	0.3962	0.3980	0.3997	0.4015
+1.3	0.4032	0.4049	0.4066	0.4082	0.4099	0.4115	0.4131	0.4147	0.4162	0.4177
+1.4	0.4192	0.4207	0.4222	0.4236	0.4251	0.4265	0.4279	0.4292	0.4306	0.4319
+1.5	0.4332	0.4345	0.4357	0.4370	0.4382	0.4394	0.4406	0.4418	0.4429	0.4441
+1.6	0.4452	0.4463	0.4474	0.4484	0.4495	0.4505	0.4515	0.4525	0.4535	0.4545
+1.7	0.4554	0.4564	0.4573	0.4582	0.4591	0.4599	0.4608	0.4616	0.4625	0.4633
+1.8	0.4641	0.4649	0.4656	0.4664	0.4671	0.4678	0.4686	0.4693	0.4699	0.4706
+1.9	0.4713	0.4719	0.4726	0.4732	0.4738	0.4744	0.4750	0.4756	0.4761	0.4767
+2.0	0.4773	0.4778	0.4783	0.4788	0.4793	0.4798	0.4803	0.4808	0.4812	0.4817
+2.1	0.4821	0.4826	0.4830	0.4834	0.4838	0.4842	0.4846	0.4850	0.4854	0.4857
+2.2	0.4861	0.4864	0.4868	0.4871	0.4875	0.4878	0.4881	0.4884	0.4887	0.4890
+2.3	0.4893	0.4896	0.4898	0.4901	0.4904	0.4906	0.4909	0.4911	0.4913	0.4916
+2.4	0.4918	0.4920	0.4922	0.4925	0.4927	0.4929	0.4931	0.4932	0.4934	0.4936
+2.5	0.4938	0.4940	0.4941	0.4943	0.4945	0.4946	0.4948	0.4949	0.4951	0.4952
+2.6	0.4953	0.4955	0.4956	0.4957	0.4959	0.4960	0.4961	0.4962	0.4963	0.4964
+2.7	0.4965	0.4966	0.4967	0.4968	0.4969	0.4970	0.4971	0.4972	0.4973	0.4974
+2.8	0.4974	0.4975	0.4976	0.4977	0.4977	0.4978	0.4979	0.4979	0.4980	0.4981
+2.9	0.4981	0.4982	0.4983	0.4983	0.4984	0.4984	0.4985	0.4985	0.4986	0.4986
+3.0	0.49865	0.49869	0.49874	0.49878	0.49882	0.49886	0.49889	0.49893	0.49896	0.49900

著者紹介

大村　平（工学博士）
おおむら　ひとし

1930年　秋田県に生まれる
1953年　東京工業大学機械工学科卒業
　　　　防衛庁空幕技術部長，航空実験団司令，
　　　　西部航空方面隊司令官，航空幕僚長を歴任
1987年　退官．その後，防衛庁技術研究本部技術顧問，
　　　　お茶の水女子大学非常勤講師，日本電気株式会社顧問，
　　　　(社)日本航空宇宙工業会顧問などを歴任

評価と数量化のはなし【改訂版】
―科学的評価へのアプローチ―

1983年2月21日　第1刷発行
2005年2月7日　第15刷発行
2016年7月21日　改訂版 第1刷発行

著　者　大　村　　　平
発行人　田　中　　　健

発行所　株式会社 日科技連出版社
〒151-0051　東京都渋谷区千駄ヶ谷5-15-5
　　　　　　DSビル
電話　出版　03-5379-1244
　　　営業　03-5379-1238

検印省略

Printed in Japan

印刷・製本　河北印刷株式会社

© *Hitoshi Ohmura* 1983, 2016
ISBN 978-4-8171-9593-7
URL http://www.juse-p.co.jp/

本書の全部または一部を無断で複写複製(コピー)することは，著作権法上での例外を除き，禁じられています．

はなしシリーズ《改訂版》
絶賛発売中！

■もっとわかりやすく，手軽に読める本が欲しい！
この要望に応えるのが本シリーズの使命です．

確　率　の　は　な　し
統　計　の　は　な　し
統　計　解　析　の　は　な　し
微　積　分　の　は　な　し(上)
微　積　分　の　は　な　し(下)
関　数　の　は　な　し(上)
関　数　の　は　な　し(下)
実験計画と分散分析のはなし
多　変　量　解　析　の　は　な　し
信　頼　性　工　学　の　は　な　し
予　測　の　は　な　し
Ｏ　Ｒ　の　は　な　し
ＱＣ数学　の　は　な　し
方　程　式　の　は　な　し
行列とベクトルのはなし
論　理　と　集　合　の　は　な　し

日　科　技　連